南水北调中线
冰情观测方法与应用

Detection Method of Ice Conditions and Applications
South-to-North Water Diversion Middle Route Project

主　编　程德虎　吕明治
副主编　杨国华　韦耀国　周正新　李楠楠

中国水利水电出版社
www.waterpub.com.cn
·北京·

内 容 提 要

掌握南水北调中线干线冬季冰情生消演变规律，能够保障渠道安全运行，保护人民生命财产安全。本书从冰情对输水工程的影响、冰情观测中的观测要素及观测设备、南水北调冰情观测信息化平台、水温预测模型和冰情演变预测模型等多个方面系统地介绍了南水北调中线冰情原型观测方法与应用，并总结了一些适用于南水北调中线冬季冰期冰情观测的新思路和新方法，可为干渠冬季安全、高效输水和运行调度提供技术支撑。

本书可供水利工程、水资源和其他相关领域的专家、学者及技术人员等使用，也可供高等院校相关专业师生参考。

图书在版编目（CIP）数据

南水北调中线冰情观测方法与应用 / 程德虎，吕明治主编. -- 北京 : 中国水利水电出版社，2021.3
ISBN 978-7-5170-9466-1

Ⅰ. ①南… Ⅱ. ①程… ②吕… Ⅲ. ①南水北调－水利工程－冰情－水文观测 Ⅳ. ①TV68②P332.8

中国版本图书馆CIP数据核字(2021)第042935号

书　　名	**南水北调中线冰情观测方法与应用** NANSHUIBEIDIAO ZHONGXIAN BINGQING GUANCE FANGFA YU YINGYONG
作　　者	主　编　程德虎　吕明治 副主编　杨国华　韦耀国　周正新　李楠楠
出版发行	中国水利水电出版社 （北京市海淀区玉渊潭南路1号D座　100038） 网址：www.waterpub.com.cn E-mail：sales@waterpub.com.cn 电话：（010）68367658（营销中心）
经　　售	北京科水图书销售中心（零售） 电话：（010）88383994、63202643、68545874 全国各地新华书店和相关出版物销售网点
排　　版	中国水利水电出版社微机排版中心
印　　刷	清淞永业（天津）印刷有限公司
规　　格	170mm×240mm　16开本　11印张　215千字
版　　次	2021年3月第1版　2021年3月第1次印刷
印　　数	001—800册
定　　价	**70.00**元

《南水北调中线冰情观测方法与应用》
编 撰 委 员 会

序

冰期输水是南水北调中线工程北方渠段的主要工况之一，也是南水北调中线工程在冬季能否正常运行的关键问题。根据已投入运行的国内外冬季输水渠道运行经验，南水北调中线工程北方渠道结冰期采取冰盖输水是一种安全可靠的运行方式。但是，在漫长的冬季来临时，如何在正确的时间点控制水位并形成冰盖，又如何在冰覆盖下尽可能地提高输水能力，满足冰期输水能力和渠道安全输水要求，对于南水北调中线这样的大型输水工程没有先例可循，只能依靠初期运行后的冰情观测积累经验，验证设计研究并指导运行调度。

为此，南水北调中线干线工程建设管理局从2014年全线通水以来，先后组织设计、科研单位进行了连续不间断的冬季冰情原型观测工作，取得大量一手资料。2016—2019年的三个冬季，中国电建集团北京勘测设计研究院有限公司承担了南水北调中线的冰情观测任务，该院发扬多年来在大水电设计研究中养成的精益求精的工作作风，坚守冬季一线观测站点，边观测边总结，本书既是对数年来连续进行冬季观测情况的工作介绍，也是根据工程运行要求对总干渠冬季冰期输水运行的一个技术总结。

在“冰情观测方法”中，本书除了介绍常规观测方法外，还介绍了新型设备推介及观测方法的优化，包括无人机应用、固定网络摄像机和倾斜摄影、红外测温和云平台等。运用这些观测方法和南水北调冰情观测信息化平台相结合，将为南水北调中线工程北方渠道冬季冰期观测开创一个新世界。在“冰情观测成果与分析”中，本书除探讨了几种不同的观测数据分析方法和南水北调中线干线冰情影响因素外，还初步探讨了可用于南水北调中线工程总干渠的水温预测模型和冰情演化预测模型，为今后进行冬季输水运行安全调度提供了技术支撑。

在本书正式出版之际，我向本书的作者表示祝贺，同时也展望在持续多年的冰情观测基础上，我们将可以真实地掌握南水北调中线工程北方渠道在冷冬年、平冬年、暖冬年的典型年份冰情变化和特征，进而依据出库水温和邻近渠道表面温度，模拟北方渠段沿程的水流温度变化，正确地预测冰花起始时间、冰盖形成时间及冰盖厚度，较真实地估算出沿程冰盖形成和冰下过流能力，破解南水北调中线工程北方渠道冬季冰期输水的各项关键技术问题。

原国务院南水北调办公室总工程师

国务院南水北调专家委员会副主任　汪易森

2020 年 7 月

前言

南水北调中线工程是缓解我国华北地区水资源严重短缺、优化水资源配置、改善生态环境的重大战略性基础设施，可满足沿线30多个城市的工业、生活用水要求，控制对地下水的超采，将南方的水资源优势转化为经济优势。南水北调中线工程现已成为北京、天津、河北和河南的重要水源，在国民经济建设和人民日常生活中发挥着越来越重要的作用，为京津冀协调发展国家战略提供强有力的水利支撑。

南水北调中线总干渠全长1432km，渠道由南向北跨越北纬33°～40°，沿线气候由温和趋向寒冷，气象、水文条件复杂，控制难度大，在冬季安阳以北渠段存在结冰的问题。当冬季渠道结冰以后，渠道输水能力显著下降，甚至影响供水保证率。一旦冬季调度运行不当，可能会造成冰塞、冰坝事故，严重时威胁渠道或其他水工建筑物的安全。根据运行方案，冰期输水方式为：对于具备形成冰盖的渠段，沿线通过节制闸控制渠道水位使渠道尽早形成冰盖，因为冰盖是相对稳定和安全的；对于不能形成冰盖的渠段，则通过设置拦冰索、分段及时清理冰块，防止形成冰坝或冰塞，这些措施可充分保证冬季输水的顺利进行。同时，在冬季渠道运行管理过程中，日常冰情观测是一项具有重要意义的工作，能够及时掌握渠道沿线的冰情状况，防止渠道冰灾（害）影响渠道安全运行。

根据历史观测数据和冰情生消演变规律，对南水北调中线进行冰情观测，构建适合中线重点渠段的冰情预测模型，对冰情发展趋势进行预测、预报，对保障冬季输水期渠道安全运行有着相当重要的意义。为研究南水北调中线总干渠冰期输水冰情的时空分布、发展变化规律，以及可能发生的冰害对安全输水运行的影响，探索冰期输水冰情预防及治理措施，多家单位对输水渠道进行了冰情原型观测，或模型试验，或数值模拟计算，探究南水北调中线总干渠的冬季冰情生消演变规律。

本书主要是在2016—2019年开展的南水北调中线工程通水初期冰期输水冰情原型观测与研究工作所积累的基础数据和工作实践经验的基础上，由南水北调中线干线工程建设管理局和中国电建集团北京勘测设计研究院有限公司共同编写完成。

本书主要内容共分为6章。第1章介绍了冰情对输水工程的影响以及冰情观测的意义和发展现状。第2章分阶段介绍了南水北调中线通水前、后的冰情研究和实施观测情况，并对2016—2019年度冰情观测的研究思路和成果进行简要介绍。第3章重点介绍了冰情观测的气象、水力、冰情要素，各观测项目的常规观测方法和设备，以及新型设备推介及观测方法的优化，包括无人机和倾斜摄影技术、固定网络摄像机和热成像仪、在线水温观测系统和云平台等。第4章详细介绍了南水北调冰情观测信息化平台的建立，及其在基础数据集成化管理、冰情影像资料实时在线展示、水温与冰情信息的预测预报、冰情日志信息推送等方面的应用和贡献。第5章为基础数据的成果分析和智能化预测模型的建立，采用统计学理论、神经网络概论以及支持向量机等方法对冬季冰情观测数据进行处理与分析，得到各项参数之间相互影响和变化的关系，分析影响水温及冰情的主要因素，并以此为理论基础，建立适用于南水北调中线的水温预测模型和冰情预测模型。第6章总结了南水北调中线干线冰情演变规律，提出了适用于南水北调中线的冰情观测方式和方法，归纳水温预测模型和冰情预测模型的精度和应用效果，并给出渠道冬季运行调度的防凌减灾措施和建议。

在本书的编写过程中，得到了众多人士的帮助和支持，得到了诸多领导及专家的宝贵建议和意见。感谢原国务院南水北调办公室总工程师、国务院南水北调专家委员会副主任汪易森教授在整个观测期耐心的帮助和指点；感谢合肥工业大学土木与水利工程学院王军教授在冰情观测基础数据的处理与分析方面给予的专业指导；感谢各位一线工作人员在数据收集和处理中所提供的技术支持；在书稿筹划和形成过程中，编委会全体成员付出了巨大努力，特致谢意。同时，感谢各位作者所在单位：南水北调中线干线工程建设管理局科技部、北京分局、河北分局，中国电建集团北京勘测设计研究院有限公司给予的大力支持，以及各单位领导的关心和帮助。还要感谢本书所需资料的提供者和所有参考文献的作者，在此表示由衷的感谢！

冰情生消演变的规律十分复杂，本书结合南水北调中线2016—2019年度冬季的冰情原型观测工作经验，总结冰情观测方法及应用情况，希望能为从事冰情原型观测和数值计算的技术人员提供一定的参考和启示。由于时间和作者水平的限制，本书难免存在不足及疏漏之处，望同行专家、学者以及广大读者批评指正。

本书编委会

2020年7月

目录

序

前言

第 1 章　绪论 …… 1

1.1　冰情观测的目的和意义 …… 2

1.2　冰情现象的定义和分类 …… 3

1.3　冰情观测的发展现状 …… 5

1.4　引水渠道冰情观测的介绍 …… 13

第 2 章　南水北调中线冰情概况 …… 19

2.1　背景介绍 …… 19

2.2　研究思路和成果简介 …… 23

第 3 章　冰情观测方法 …… 27

3.1　气象观测要素和设备 …… 27

3.2　水力观测要素和设备 …… 38

3.3　冰情观测项目和方法 …… 49

3.4　冰情巡视方法和设备 …… 62

3.5　新型设备推介及观测方法优化 …… 65

第 4 章　南水北调冰情观测信息化平台 …… 75

4.1　系统架构 …… 75

4.2　系统特点 …… 81

4.3　操作指南 …… 83

4.4　主要功能介绍 …… 86

4.5　平台管理 …… 96

第 5 章　冰情观测成果与分析 …… 98

5.1　观测数据分析方法 …… 99

5.2　冰情影响因素分析 …… 115

5.3　水温预测模型 …… 128

5.4　冰情演变预测模型 …… 147

第 6 章　结语 …… 153

参考文献 …… 157

第 1 章

绪　　论

自南水北调中线工程开工建设以来，冬季输水期的冰情问题始终是广大工程师和学者们关注的重要技术问题之一。许多高等院校和科研单位先后通过模型试验、数值计算、原型观测等方法对渠道冰情进行了大量的研究和探索，总结分析了南水北调中线冰情生消演变规律，探索了冰情的发生机制、临界条件和预测模型，提出了许多行之有效的防冰减灾措施和方法。特别是 2014 年 12 月 12 日全线正式通水以来，在冬季运行期间，一直在进行冰情原型观测工作。通过对重点渠段的气象、水力、冰情的观测和沿线冰情巡视，对渠道冰情的影响因素、生消规律有了更加明确的认知，基本掌握了冰情在时间和空间上的分布规律，为冬季输水期的安全运行提供了技术支持和保障。

在 2016—2019 年的 3 个冬季，中国电建集团北京勘测设计研究院有限公司承担了南水北调中线的冰情观测任务，在安阳以北设置 4 个固定测站，分别是安阳河倒虹吸、滹沱河倒虹吸、漕河渡槽和北拒马河渠段。每个测站进行气象、水力、冰情观测，根据冰情发展情况，在指定渠段进行冰情巡视。采用互联网技术开发了南水北调冰情观测信息化平台，该平台实现了冰情数据的存储与展示、数据分析、实时冰情影像展示、水温预测、冰情预测等功能。每次现场观测工作完成后，及时上传数据和巡视结果到云平台，云平台可对当日的观测结果和冰情概况进行展示，供运行管理者浏览查阅。根据当日冰情观测成果，对明日最低水温和冰情进行预测，并通过微信公众号发布。

由于冰情生消演变的规律十分复杂，冰情生消是气象和水力因素共同作用的结果。然而，自然界气象因素复杂多变，尤其一些气象要素具有瞬时性、多变性等不确定性，所以模型试验、数值计算和原型观测任何一种方法不可能很好地解决冰情问题，一定是多种方法反复优化探索的过程。本书重点介绍冰情原型观测方法、设备和数据分析情况，对 2016—2019 年 3 个冬季冰情的观测结果和生消过程进行了详细论述及系统分析，供将来从事冰情原型观测和数值计算的技术人员参考。

1.1 冰情观测的目的和意义

南水北调中线总干渠全长 1432km，渠道沿线气候差别较大，在冬季安阳以北渠段存在结冰的问题。渠道结冰以后，输水能力将显著下降，甚至影响供水保证率。如果冬季调度运行不当，可能造成冰塞、冰坝事故，严重时威胁渠道或其他水工建筑物的安全。

在设计施工中已充分考虑到北方气温因素，据测算，受安阳以北地区明渠表面结冰的影响，渠道输水能力将下降到正常情况的 60%。根据运行方案，冰期输水方式为：对于具备形成冰盖的渠段，沿线通过节制闸控制渠道水位使渠道尽早形成冰盖，因为冰盖是相对稳定和安全的；对于不能形成冰盖的渠段，则通过设置拦冰索、分段及时清理冰块，防止形成冰坝或冰塞，这些措施可充分保证冬季输水的顺利进行。

安阳以北渠道沿线经过黄淮海平原的北部，属于暖温带大陆季风气候，其特点是冬季寒冷干燥，降雪少，冬季降温主要受北方陆风和寒流控制。一般冬季要经过数次的气温下降和回升过程，尤其受到近些年全球变暖和大气雾霾的影响，降温与升温过程有趋于平缓的趋势。该地区冬季平均气温均高于多年冬季平均气温，据气象专家分析近 30 年的气象数据，从 2000 年以来，河北省冬季平均气温以每年升高 0.03℃左右的趋势在变化[1]。

众所周知，南水北调中线已经成为北京、天津、河北和河南的重要水源，在国民经济建设和人民日常生活中发挥着越来越重要的作用，其安全运行的重要性不言而喻。在冬季渠道运行管理过程中，及时掌握渠道沿线的冰情状况，防止渠道冰灾（害）影响渠道安全运行，所以冬季日常冰情观测是一项具有重要意义的工作。尽早、及时地掌握渠道沿线冰情，预判冰情发展趋势，使运行管理者提前做好准备和制定处理方案，一般采取调度手段或工程措施可避免冰灾的发生。

在冰情观测过程中，根据历史观测数据和冰情生消演变规律，构建适合南水北调中线重点渠段的冰情预测模型，对冰情发展趋势进行预测、预报，对保障冬季输水期渠道运行安全有着相当重要的意义。

发生严重冰情时，一般伴有大风降温、暴风雪天气出现，当地天气和交通状况相对较差，可以根据天气预报和冰情预测模型进行预测，为运行管理者提供充分的时间来制定处置方案和应对措施，可提前调整渠道运行参数、组织人力和机械设备进场，避免由于准备不足导致冰灾的发生。

1.2 冰情现象的定义和分类

水在负气温条件下结冰是一种常见的自然现象，发生在高纬度地区的海洋、湖泊、河流、水库和人工渠道。人类接触冰或利用冰具有非常久远的历史，但古代多是被动接触和利用冰。随着近代人类活动的时间和空间逐步拓展，经济、贸易和军事活动的需要，开始重视冰情的研究。国际上由国际水力研究协会发起创建了国际冰情问题委员会，于1970年在冰岛召开了第1届国际冰情学术讨论会，目前已举办了24届国际冰情学术会议，其中第13届和第21届分别于1996年和2012年在中国召开。同时国内也从1992年12月开始至今举办了9届全国冰工程学术交流会。这些学术活动推动了冰情理论的快速发展，冰情计算理论、试验和观测技术均有了很大程度的提高。

在我国，对黄河、黑龙江、松花江等北方河流的冰情研究和观测已经积累了丰富的经验和成果，提出了许多行之有效的冰情观测方法、计算理论和预测模型。近年来，在北方地区修建了许多水库和长距离调水工程，特别是南水北调中线工程通水以来，在冬季运行管理过程中保障安全运行和输水通畅，减少或避免冰情对工程运行造成影响，对冰情观测和预测提出了更高的要求。

普遍认为，冰情受热力因素、水力因素和地形条件三因素影响。

人工渠道的水力参数和地形条件基本可以认为是已知条件，在构建计算冰情模型和数据分析时比天然河道具有较大优势，理论和实践容易形成统一的认识。

南水北调中线属于人工渠道，断面整齐统一，水位和流速可以人为调整和控制，自2008年南水北调中线京石段应急通水以来，在石家庄以北渠道每年均有不同程度的冰情发生。渠道可分为无冰段、岸冰段、流冰段和冰封段4种情况。冰情现象以岸冰、流冰、冰盖最为常见，通水以来仅在2015—2016年冬季出现了冰塞和冰坝。下面将介绍南水北调中线等人工渠道常见的几种冰情现象。

1. *岸冰*

岸冰分为初生、固定、冲积、残余岸冰等4种。

初生岸冰一般是气温降至0℃以下时，由于渠道水面以上护坡的温度与气温相近，也低于0℃，这样渠水两侧的表面形成薄而透明的冰带，白天气温升高后，它往往就地融化或脱岸顺流而下。

固定岸冰是在气温稳定降至0℃以下后，初生岸冰逐渐发展成牢固的冰带，其宽度、厚度随着气温的下降而增加，固定岸冰常常保持于整个冰期，达到较大宽度和厚度。

冲积岸冰是渠道中的波浪、冰花、冰块被冲积到岸边或岸冰凝聚冻结而成的冰带，这种岸冰有时会高出固定岸冰冰面，随水位和波浪变化有可能形成悬空冰带。

残余岸冰是指在冰盖消融后在岸边残留下的冰带。

2. 流冰

随着气温的降低，水表面形成冰絮或冰花，严重时会形成冰块随着水流流动的现象。

在封冻期和解冻期均有流冰现象出现。冰块由破碎的封冻冰层和脱岸的破碎岸冰组成。封冻期的流冰当下游遇到冰盖下潜时极有可能形成冰塞，使渠道过水能力急剧下降，由南向北流的河流或渠道中，这种现象尤为常见。

开河后的流冰，遇到排冰不畅时易形成冰坝，造成灾害。

3. 冰盖

当水中的流冰密度持续增加，受外部因素影响流冰速度降到一定程度时，水面就会出现封冻。一般来讲，当流冰密度大于70%，且流速小于一定速度时，随着气温的降低，渠面会出现封冻形成冰盖。

4. 冰塞

冰塞多发生在河流封冻初期，冰塞分为形成、稳定、消融3个阶段。

(1) 形成阶段。上游流来的冰花、冰块潜入冰盖之下，首先堆积于封冻前缘处附近，当冰塞体与流来的冰花、冰块的摩阻力大于水流动力时，冰塞体继续发展变大，过水断面面积继续缩小，同时有部分冰花、冰块通过该断面使冰塞体向下游发展。随着冰塞体的不断发展，阻水程度越来越严重，冰塞体上游的水位逐渐壅高，水面比降变缓。当封冻边缘处的流速小于冰花下潜的流速时，冰花冰块不再下潜而平铺上溯，冰塞即停止发展。

(2) 稳定阶段。冰塞河段的比降、流速、过水断面面积和冰塞体积，均保持在相对稳定的状态，组成冰塞体的最大冰量及最高壅水水位就出现在此阶段。

(3) 消融阶段。随着气温的升高，冰塞河段水温转至0℃以上，冰塞体不断上融下化，冰塞体减小，过水断面面积增大，壅高水量逐渐释放，水位下降，冰塞塌陷解体消融。

冰塞由冰花、冰块组成，形成后持续时间较长，冰塞消失时与冰坝相比危害较小。

5. 冰坝

河流解冻时，由上游流下的大量冰块受阻，形成冰块堆积体，阻塞住整个河流断面，像一座用冰块堆成的堤坝。冰坝严重堵塞渠道，使上游水位壅高，造成上游城镇及工矿区受淹，或渠道溢渠、漫渠等危害。当冰坝承受不住上游河段的冰和水压力时即自然溃决，大量流冰突然下泄，撞击下游两岸建筑物，会造成较大损失。冰坝持续时间较短，一般仅几天。

由低纬度向高纬度流动的河流（段），由于上游气温高于下游，上游先于下游开河，则大量冰块受阻于下游冰盖前而形成冰坝，如黄河内蒙古河段和山东利津河段，以及东北的黑龙江上游和松花江下游。

1.3 冰情观测的发展现状

冰情观测的历史可以追溯到公元 870 年冰岛人对其北部海岸的零星观测记载，完整的冰情记录从 1600 年开始，更完整的北极圈冰情记录发生在 18 世纪中期。由于北极航运的需要，1880 年开始记录北极 11 个地点的气温与冰情的关系。

1933 年俄罗斯极地研究所完成了冰情绘图工作，今天科学家研究北极冰的演化规律大部分采用周边国家 1953 年以来的观测成果。

1972 年 12 月人们开始使用卫星进行冰情观测（图 1.3-1），从 1978 年开始，NASA 使用多波束扫描技术观测海冰。自从 1979 年以后，卫星已经可以提供连续的海冰观测成果。

图 1.3-1 用于冰情观测的卫星观测技术

我国在冰水力学、模型试验、原型观测及冰情预报的研究和应用方面经历了从起步到发展的过程，在众多工作者的努力下取得了一定进展。冰情观测是为了掌握冰情发展变化过程，研究冰情演变规律，为防止和减少凌汛灾害及时提供准确可靠的冰情情报而开展的基础性研究工作，只有更加准确的观测资料才能推动科学研究的进步。

由于黄河冰凌危害大、灾害频繁，我国对黄河冰情开展观测的起步最早，且历年来受到各级管理部门的高度重视。为保障沿岸人民的生活和工农业生产的发展，逐步加大了黄河冰情观测力度。系统、全面而准确的冰情观测将为科学防凌提供可靠依据，早期黄河的观测项目主要有结冰、流凌、封冻和解冻等。1953 年起，黄河冰情观测项目逐渐增多，包括流凌日期、流凌疏密度、岸冰宽度、封河开河日期、消融、开裂、冰块大小和厚度以及流凌的速度等。

1956 年后，冰情观测项目进一步增加，主要有目测冰情状况，即在观测河段产生流凌之日起，开展各种冰凌现象的观测和记录，如岸冰、冰淞、棉冰、水内冰、流冰、封冻、冰上有水、冰层浮起、岸边融冰、冰滑动、冰缝、冰凌堆积、冰塞、冰坝等冰情现象的定量观测，此外，还加入了测绘河段冰厚图及河段冰情图、冰塞及冰坝等特殊冰情的观测，以及发生日期、溃决日期、水位与流量变化及灾害等的观测记录。观测工具主要有打冰孔用的冰钻、测量冰厚的量冰尺、测量冰花大小和体积的冰花采样器及测量水内冰的冰网等。20 世纪 60 年代以后，为了掌握黄河冰情的生消演变过程，对一些特殊冰情进行大规模的观测试验，并对特殊河段的冰塞、冰坝及水内冰的形成机理、演变过程等进行了较为系统的分析和研究，得出了一些有价值的结论，为黄河冰情的预测预报工作积累了宝贵资料。1982 年以来，在冰塞严重的黄河山西河曲河段进行了历时较长、参与人员多、投资大、收效较高的原型观测，为国内外罕见。1986 年左右，在冰塞发生严重的黄河内蒙古巴彦高勒河段展开了为期较长的原型观测。20 世纪 80—90 年代，合肥工业大学、山西省防汛抗旱指挥部及河曲县防汛抗旱指挥部等单位合作在黄河河曲段进行了大型河冰原型观测，观测范围广、内容全、历时长、成果斐然，获得了水文、冰情、气象、河道特征方面 60 万个以上的观测数据[2]。孙肇初、隋觉义等学者通过观测数据首次建立了流冰量与冰塞厚度的数学模型，形成了较为实用的冰塞冰坝预测方法[3-4]。倪景贤等根据黄河河曲段冰塞体演变规律和天桥水电厂冰期运行经验，结合河道水、沙、冰的特点，提出了天桥水电厂冰期合理运行的意见及防排冰措施[5]。

冰情观测是防凌或进行冰凌研究的基础。1951 年以来，相关学者在黑龙江、松花江、新疆天山南北一带的河流进行了冰情原型观测，据资料统计，位于最北部的黑龙江上游的洛古水文站，67％年份的最高水位出现在解冻开河期，例如，1960 年开河期形成的巨大冰塞，壅水高达 14m；松花江下游、嫩江上游的凌汛也比较严重，冰期水位往往接近或超过历史上最高洪水位[6]。同时，研究总结了东北的松花江、牡丹江、嫩江（无水内冰堆积）等河流观测冰盖糙率系数随时间变化的规律。1963—1964 年冬季，水利部东北勘测设计研究院和白山水电工程处联合对松花江流域白山河段的冰塞和冰坝现象进行了长期的观测，对冰花在冰盖下堆积形成冰塞的成因进行了系统的现场观测，给出了河床糙率及冰塞水位的经验公式。进入 21 世纪后，我国对冰情的研究也日益增多，在 2002—2003 年度，开展了引黄济津冬季输水原型野外冰情观测，观测的内容主要有水温变化、水内冰生成、冰流量及冰厚的变化，通过野外实测数据分析得出冰盖对水流的过流能力影响较大，在水位相同的情况下，冰封期水流的过流能力比畅流期减小 27％～34％。同年，对引黄济津冬季输水进行了原型观测，主要观测指标有岸冰、冰流量等，主要对封冻期进行了连续观测，并且详细描述了冰情特点，得出了冰盖生成后水温由水面至水底呈逐渐递减规律[7]。此后，在2010—2011年度对引黄济津潘庄线路应急输水工程进行了冰情观测，观测的时间从水温降至1～2℃时开始，至来年春季融冰水温回升至1℃时停止；在寒潮到来之前，渠道只生成岸冰而且生长速度缓慢；寒潮入侵后，固定岸冰形成，大部分的水面结冰，流凌时期较短。随着气温的不断下降，冰层由薄变厚，冰缘的不断增加使得封冻河段不断增长，直至形成稳定冰盖。随着气温的逐渐回升，冰层由厚变薄慢慢融解，基本遵循了成冰过程的一般规律[8]。戴长雷等研发出一套寒区低温地温自动监测装置，能够保证寒区地温监测的准确性，为研究冻土层水理性质、冻土层结构与环境特征变化的规律及机理提供关键参数[9]。于成刚等通过在漠河开展土壤含水率、地温等数据观测，发现冻结隔水层位置以及下移速度影响流域内的融雪径流和开江日期，通过计算层间土壤热通量比系数进行开江日期预报，该方法计算简便、实用性较强，弥补了开江期部分冰情影响因素无法直接观测的问题[10]。“黑龙江冰情预报及灾害防治研究”课题组与黑龙江防汛抗旱保障中心和黑龙江省水文局合作，于2015—2019年在漠河开展防凌爆破与冰情原型观测。初期，参考国内外的实践经验，破冰宽度一般为天然河道冬季河宽的60%左右，因为两岸附近40%左右的冰盖，其有效水深已经很小，甚至形成连底冰，在这些地方实施爆破的效果一般不好。后期，随着把冰、水、热动力学理论与爆破效果相结合的研究，采用了相应的爆破孔的布置，减小河道横向爆破宽度，增加了纵向爆破的长度，形成了一定规模的温度场[11]。

冰情观测需实施于冰情演变的各个阶段，初冰期，岸冰是沿河渠岸冻结的冰带，由于水面冰的集聚和堆积，岸冰将沿侧向方向生长，其生长速度与水面流冰与已有岸冰边缘接触的稳定性有关。汪德胜等根据黄河河口段的现场资料，提出了输冰能力的概念，即在一定的水力条件和一定的冰花条件下，水流能够挟带一定数量的悬浮冰花，假如某一河段冰盖下水流所挟带的冰花数量超过了它的输冰能力，则该段冰盖下将发生冰花的黏积，导致形成冰塞；反之，则该段冰盖下将发生冲刷。开河期，雪盖消失后，冰盖从其顶面、底面及内部消融，这个消融的过程会使冰盖的强度和承载力降低，同时导致冰盖下水流的波动[12]。冰盖下水流波动会产生压力扰动，使冰盖形成横向裂缝和碎冰。冰盖的破裂是基于冰盖强度及流量条件改变引发的现象。如果水流保持相对稳定，冰盖会保持稳定直到最终融化。然而，如果温度升高且冰凌融化前流量和水位变化明显，则可能产生武开河，冰盖迅速迸裂，导致冰凌洪水。王庆凯等在开河期的乌梁素海人工挖凿开敞水域以模拟浮冰水道系统，连续观测冰-水侧向界面的热力学侧向融化[13]。开河期冰情，特别是冰坝的观测十分困难，一般相应河道管理部门将择机开展定量原型观测[14]。武汉大学、长江水利委员会长江科学院分别进行了南水北调中线一期工程总干渠冰期输水运行调度方案设计和冰期输水冰情原型观测，获得了冬季冰期输水的水力参数、气象参数和冰情特征等数据，分析了中线干线结冰、封冻、冰盖下输水的基本过程，总结了中线干线冰情生消演变基本规律，为中线工程冬季安全输水运行积累了经验[15-16]。此后，中国电建集团北京勘测设计研究院有限公司于2016—2019年开展了连续3个冬期的南水北调中线干线工程冰期输水冰情原型观测，获得了较为翔实的冰情、水力、气象等实测资料，根据观测资料建立了相应的水温预测及冰情预测模型，研究成果为南水北调中线工程冰期调度运行方案和防凌减灾措施制定提供了数据支撑[17-18]。在电站冰情观测方面，吕明治等通过对5座典型抽水蓄能电站水库开展冰情原型观测，初步分析观测资料得出冰厚除了受水温影响外，还受到气温、电站运行台次频率及库水位变化情况等因素的影响[19]。赵海镜等通过对电站水库和常规水库开展冰情原型观测，比较了各水库冰的形成及消长过程，分析了电站气象条件对冰情的影响[20-21]；提出了电站库区冬季最大冰厚和冰冻库容的计算方法[22-23]，原型观测成果为数值模拟电站水库冰情的形成及消长规律提供支撑[24-25]，研究成果可供同类工程借鉴。

国内对于河流、水库冰情原型观测主要涉及气温条件变化和冰情演变的相互影响方面试结合冰情生消规律、水温变化开展冰情研究工作[26]。借助原型观测成果，冰情理论研究逐步从定性描述冰情现象发展到定量模拟冰的生消周期，观测技术方面，雷达、遥感、摄影、摄像等技术已逐步达到实用推广阶段，具体原型观测类型及其技术分述如下。

(1) 冰厚测量。在冰工程研究领域，冰厚是最基础的参数之一，也是建立冰凌灾害预报模式的关键物理参数之一。冰厚的生长和消融分析以及开河日期的预估在内陆航运和水力发电等运用计划中都是非常重要的因素。冰盖强度与厚度及温度相关，因此冰厚是计算冰对水工结构物作用力的重要指标。目前，国内外对于冰厚的获取主要通过数值模拟计算和现场物理监测两种不同的方法完成。随着计算机、通信、电子监测等信息处理技术的快速发展，冰层生消物理检测方法以其特有的预报直观、实时性强的优点，逐步成为水文测报中的主流技术手段。依据监测方式的不同，现场物理监测又可分为接触式测量和非接触式测量两种。

非接触式冰厚测量方法包括以下几种：

1) 超声波法。利用超声波测量冰厚，与一般超声测厚仪工作原理类似。根据冰有效传播声波的特性，可利用超声波在冰层内部往返一次所需时间来计算冰厚。具体方法是在冰面上固定一发射探头使其发出超声波，该声波将沿着冰厚方向传播，到达冰水分界面后产生反射回波，在冰面上利用接收器接收此回波[27-28]。由于声波在冰层中的传播速度是一定的，所以通过测定超声波在冰层内往返传播的时间可计算出冰厚。

2）电磁感应法。基于电磁感应原理测量冰厚的探测系统主要包括电磁感应仪和激光测距仪两个部分，通过机载或船载方式实现冰厚测量[29]。利用电磁感应方法探测冰厚的原理是基于冰与水之间的电导率差异实现的，依据这种差异可以测得仪器至冰水分界面的距离[30]。同时，将激光测距仪探头与电磁感应仪固定在同一水平面上，其发射出的激光到达冰面后发生反射，再次被探头接收并同时记录激光往返时间，据此可计算出仪器位置距冰面的高度，进而可得到冰厚。

3）通过卫星遥感技术、航拍、船拍等技术可对大范围区域内冰厚、冰密集度、冰外缘线等参数进行监测。相关研究如陈贤章等利用 NOAA 卫星 AVHRR 资料对 1993—1994 年度的青藏高原湖冰冰厚进行了监测[31]。许多研究也正是根据各种传感器特性扬长避短，应用不同方法来挖掘和提高冰雪定量化遥感的潜能和精度。杨中华等在 2002—2005 年 3 个年度利用 RS、GIS 等现代高新技术，采用“四星三源”模式监测黄河凌汛的内容、方法、主要技术和实施成果，得出“四星三源”监测黄河冰凌在轨运行卫星中是较好的数据组合模式[32]。

4）仰视声呐法。仰视声呐技术属于冰厚观测的经典方法。其原理是利用布置在水下的声呐装置，向水面发出声波，利用声波在冰的上下表面回波之差来计算冰厚，包括潜艇声呐剖面测量和泊系仰视声呐两种形式，目前主要应用在海冰监测上。将仰视声呐设备搭载于潜艇或水下机器人平台上获取冰厚资料是被广泛采用的方式[33]。此外，锚系仰视声呐也被广泛应用。由于仰视声呐获得的数据精度受水下设备位置及水温、潮汐等因素影响很大，尤其是潜艇、水下机器人等设施耗资巨大，因此目前仰视声呐技术还无法完全满足冰厚观测需求。

5）雷达扫描法。通过雷达可实现对地下或物体内不可见目标、界面进行定位。工作时可采用机载、车载或人工拖拽方法实现。张宝森等通过现场试验研制出了黄河河道冰、水情数据与图像远程连续自动监测系统，该系统可以对河道冰厚、冰下水位、气温、冰温、水温等参数同时进行连续自动监测，并可获取冰凌图像、流冰速度、流凌密度等；另外，还进行了无人机航拍应急监测和雷达探测冰厚试验。根据冰厚传感器及其监测系统的技术特点，可对黄河河道的结冰及冰层消融全过程进行定点连续监测[34]。李志军等[35]利用探地雷达实现了红旗泡水库冰厚的探测。中国水利水电科学研究院和大连中睿科技发展有限公司联合研发的 IGPR－10 型冰厚水深综合测量雷达系统已应用于黑龙江冰情的测量和冰塞冰坝的快速探测[36]，该雷达系统是在原单一冰厚雷达测量系统的基础上，在技术上突破了以 100MHz 和 1500MHz 雷达为基础的冰厚水深综合测量雷达系统，并通过 RTK 系统实时采集测点的经纬度坐标。刘辉等利用无人机搭载探地雷达对黄河什四份子弯道冰厚进行探测，通过现场人工钻孔测量冰厚数据反算雷达波在冰层中的传播速度；结果表明，弯道冰厚分布不均匀，无人机载雷达回波图能够较为直观地反映空气-冰、冰-水分界面及冰厚情况，探测方法具有快速、高效、安全等优点[37]。

综上所述，非接触式测量法对于掌握大尺度面积范围内冰厚的分布具有非常大的优势，但其成本昂贵、复杂的操作方式以及较低的精度使其在冰厚测量应用中受到一定的限制。

接触式冰厚测量方法常用手段如下：

1）人工凿冰测量法。它依靠人工凿冰或借助机械设备在冰面钻孔后使用量冰尺直接测量冰厚数据。人工凿冰测冰厚是一种原始可靠的方法，该方法一般费时、费力、效率低且具有一定危险性；当冰厚较大时，这种方法实施起来难度非常大。由于缺少有效的自动化冰厚观测技术及设备，目前人工凿冰仍然是我国水文站广泛采用的冰厚观测方法之一。

2）热电阻丝冰厚测量。根据已有的热电阻丝冰厚测量仪[38]，雷瑞波等改进设计了一种简易的热电阻丝冰厚测量装置，测量时通过给电阻丝加热后使电阻丝周围的冰融化，然后将电阻丝拉起，电阻丝底部的横挡板接触到冰下表面后测量冰厚值，完成后再将电阻丝放回，热电阻丝装置测量冰厚精度可达到 0.5cm[39]。热电阻丝和人工凿冰冰厚测量法是目前最可靠的定点冰厚测量方法，相对人工凿冰，热电阻丝测量装置已取得了很大的进步，但仍需要人工操作，观测得到的数据较为有限。此外，在反复的融冰过程中将给冰厚测量带来一定误差。

3）磁致伸缩冰厚测量。磁致伸缩冰厚测量仪主要由仪器箱和测量杆两部分构成，测量杆上装有 1 个固定磁环及 2 个可活动磁环，通过控制可活动磁环的运动来完成测量。测量时，受重力作用，上磁环向下运动至冰面上；同时通过气动方式使气囊膨胀带动下磁环浮起，与冰底面接触。利用磁致伸缩传感器分别测得固定磁环上、下磁环的距离，通过与初始值对比，即可得到当前冰上表面和冰下表面的位置，进而计算出冰厚值[40]。磁致伸缩冰厚仪现场测量精度可达到 0.2cm，能够监测到冰厚变化过程，然而由于受温度影响活动磁环可能被冻住而无法完成测量，且该装置能量消耗大，现场应用受到一定的限制。

4）电容感应式连续测量。太原理工大学冰情检测课题组秦建敏教授联合大连理工大学海岸和近海工程国家重点实验室李志军教授开展利用冰的物理特性进行冰水情自动检测的尝试。研制了包括利用冰的电阻特性、电容特性、温度特性差异进行冰水情检测的观测仪器及设备，通过实证分析结果验证了利用电容感应技术测量冰厚方法的可行性，仪器观测冰厚值与钻孔测量实际冰厚值吻合较好[41]。该仪器可在淡水冰中连续自动运行，为监测冰厚和温度分布提供了一种良好的解决途径。

（2）凌情观测。随着我国对冰凌灾害的日益重视，冰情监测和预警技术逐渐多样化，不断提高并得到广泛的研究。首先利用人工穿冰打孔，再通过冰尺测量流冰、冰花厚等数据测量是最可靠的监测手段。具体来说，初冰、流冰花、流冰、封冻、开河、冰塞、冰坝等冰情现象的观测以目测为主，相关的冰情要素采用相应的方法测量，如最大流冰冰块采用目测估算方法得出，最大冰块相应冰速按浮标法测算。固定点冰厚和河心冰厚应视冰厚及冰质情况确定测验方法，当测站有电动吊箱时须使用电动吊箱到达测验地点用冰钻、冰锥、冰镐、冰尺等工具测量，冰情观测人员在冰盖上工作必须穿冰鞋、救生衣，备齐安全防护用具[42]。

随后出现不冻孔测桩式测试仪，利用水的压力和浮力而处于待工作状态，从漂浮的水尺上读取流冰、冰花等数据[43]。根据冰对太阳光照有特殊的反射率及其自身与周围环境具有不同的发射率的特点，利用卫星遥感技术监测凌情[44]；基于 OpenCV 图像处理技术进行冰情监测，将河冰图像二值化，实现了冰、水的分离，并通过统计二值化图像中冰像素数量，实现河冰密度计算，为黄河防凌工作提供了一种获取信息的新手段。赵秀娟等为系统掌握黑龙江省漠河县北极村河道冬季冰雪层生消过程的动态变化规律，同时为冰凌灾害的预报提供科学依据，利用 R－T 冰情检测传感器，应用效果良好[45]。李超等[46]以 Landsat8 遥感影像为数据源，通过单波段信息量比较及相关系数、信息熵和最佳指数的联合分析，得到最佳波段组合；采用监督分类的最大似然法对黄河内蒙古段三湖河口河段 2013—2014 年冬季不同时期遥感卫片数据进行解译，并对解译结果进行分析，从而获得该河段不同时期河冰的生消演变过程及特性。

冰下测流是确定河道流量及凌情发展的重要依据，冰情使河道流速分布和平均流速位置改变，因此需要重新考虑测流垂线上测点的选择。为了节约时间并兼顾冬季条件下测流不便，通常不测垂线上流速分布，而只是施测少数几点估计平均流速。相关研究结果表明，在假定冰下流速分布符合对数流速分布情况时，通过测量垂线任意两点即可确定平均流速，从而解决了传统两点法在水面波动、水深变化时无法准确施测等问题[47]。郜国明等[48]在黄河头道拐河段，利用声学多普勒流速剖面仪（ADCP）开展了黄河封冻期冰下流速野外监测试验，获取了大量的断面冰下流速有效数据；结果表明，声学多普勒流速剖面仪可以进行黄河封冻期冰下流速的监测，可以较为完整地采集到断面冰下垂线流速数据。

（3）冰温观测。冰层温度是直接影响冰物理性质的主要参数之一。气温、冰温、水温与冰层的生长与消融过程，冰层内部的热传导过程，以及强度的分布等都有很大关系。河冰研究中，温度条件是春季开河、冰塞、冰坝预报中非常重要的因子[49]。因此，为了快速准确地获取原始温度剖面数据，对温度剖面的测量方法和技术进行研究是一个非常重要的课题。

目前，温度测试技术已经相对成熟，用于物体温度测试的传感器与装置也有很多种，但实际在冰温的采集中却存在数据不足的情况。有研究者采用取样测试温度方法，首先钻孔将冰芯取出，通过在冰芯上打孔放入温度探头来完成。这种方法测得的冰温容易受气温干扰，难以真实反映冰层内部的实际温度状态。另外，国内外相关研究人员利用以热敏电阻为基础的温度链测量河冰或海冰垂直冰层剖面内的气温、冰温及水温。温度链测温的成败关键在于温度探头能否同探头周围的冰层冻结在一起。热敏电阻温度链上不易布置太多的温度探头，适合于少量温度测量的场合，若要进行垂直冰层温度剖面内更密集温度的采集则受到限制，所以在冰热力学过程的分析中存在数据量不足的问题。

（4）积雪深度观测。积雪是冰冻圈的主要存在形式之一，也是中国冰冻圈三大要素之一，其对气候、自然环境和人类活动等具有不可忽视的作用[50]。按照空间范围来说，季节性积雪在冰冻圈组成中分布最为广泛，卫星观测资料表明，冬季季节性积雪的平均最大面积为47～106km^2，其中98%分布在北半球。由于它对于全球能水平衡的重要影响，而成为气候变化研究中的一个非常重要的变量[51]。积雪对气候变化十分敏感，特别是季节性积雪，在干旱区和寒冷区既是最活跃的环境因素，也是最敏感的环境变化响应因子之一[52]。

冰上积雪的覆盖会大大减少冰上界面所接受的太阳短波辐射，阻碍冰层与大气之间的热交换，因此冰上积雪在一定程度上影响着整个水-冰-雪-气水文系统内部的热力传导过程。另外，冰雪在春季遇到一定的气候条件会形成冰雪融水，所引起的水文效应不仅导致冰上界面状况的改变，有时甚至会造成冰雪融水径流量很大，引发较大洪水[53]。例如，2004年春季，由于冰雪融水和较大降水所产生的径流共同作用，引发了大兴安岭地区的特大洪水。积雪作为河冰生消过程中的关键物理参数越来越受到普遍的重视，国内外对积雪的研究也逐渐增多。

积雪深度作为表征积雪情况的重要参数之一，是冬季气象、环境监测和水文部门常规观测的参数之一。20世纪80年代以来，SSM/I、AMSR－E、SMMR等被动微波传感器广泛应用于积雪深度的监测[49]。被动微波信号对于小于5cm的积雪不够敏感，容易造成漏判[54]。和被动微波遥感相比，光学遥感具有空间分辨率高、波段信息丰富等优点，AVHRR、MODIS等传感器广泛用于雪盖提取[55]。由于遥感技术存在多源误差，仅靠遥感手段，获取积雪信息的难度是多方面的，这也是河冰和海冰问题中面临的挑战之一。人工观测法是传统的积雪深度测量方法，是将雪尺或有同样刻度的测杆插入雪中至冰面完成测量。目前人工观测仍然是我国水文站普遍采用的测积雪深度的方法，较为费时、费力，且数据缺乏连续性、完整性。目前国内外已经开展了多年雪深自动化观测方法的研究，包括单杆法、双杆法、光扫描法、超声波测量等。单杆法、双杆法及光扫描法采用机械结构，在实际现场观测中容易出现故障，需要经常维护。超声波测量积雪深度是常被采用的一种观测方法，但其准确性和可靠性仍存在一定问题[56]。

（5）静冰压力观测。对于各种水工结构建筑物设计来说，冰生消过程中产生的静冰压力是非常关键的参数之一。冰盖层冰压力常常对水电大坝、渠道护坡、桥墩、海上各种钻井平台等水工结构物造成严重的破坏。由于特殊的工作环境，目前对静冰压力的现场连续在线监测仍然是冰工程检测领域尚未得到解决的难题之一。在实际工程应用中，对于静冰压力数值的获取目前主要通过原型观测、物理模型试验及数值计算三种途径获得。下面简单介绍一下原型观测和物理模型试验。

1）原型观测。原型观测是指将压力传感器埋入现场被观测冰层中，通过人工或仪器进行长期的观测获取冰层内部的力学变化。孙江岷等[57]在胜利水库使用电阻温度计、电阻应变仪和钢弦压力盒对冰压力连续进行了10年的测量，获得了大量的原始资料。隋家鹏等[58]利用一种冻结力机械装置在实验室得到了冻结强度与温度的关系曲线，通过结合冻结强度折减系数可得到实际冰盖板与护坡之间的平均冻结强度，近似解决了水库冰盖静冰压力的设计取值问题。刘晓洲等[59]利用压阻式密封低温压力传感器对中国平原水库静冰压力进行了实时观测。潘丽鹏[60]利用光纤光谱技术结合FPGA脉冲调制技术搭建了光纤传感系统，采用该系统对静冰压力进行了初步检测，探究了冰在生消过程中对边界的底面、侧壁产生的静冰压力变化情况。

2）物理模型试验。通过对现场原型冰切割取样，获得试验用模型冰，在低温环境下对模型冰外施单轴方向机械力模拟与结构物的碰撞，来检测冰力学强度。张丽敏等[61]利用低温实验室进行了加载方向垂直于冰晶轴方向的人工淡水冰单轴压缩强度试验，分别针对5种温度和应变速率在10^{-8}/s～10^{-2}/s范围内变化的不同情况进行了试验。结果表明，应变速率的不同会导致抗压强度较明显的差异。物理模型试验是目前国际上研究冰强度的主要手段，缺点是实时性差，检测环境与现场环境存在一定差异。

1.4 引水渠道冰情观测的介绍

渠道工程的可控性优于天然河道，针对寒冷地区渠道输水能力的需求，突破渠道低温运行的技术瓶颈，寒区渠道冰期输水被广泛采用。例如，引黄济津输水、京密冬季引水工程等也都通过采取各种措施来控制流量、减少流速和稳定水位，实现冰盖下的安全输水[62]。对于输水工程的冰期观测、管理、调控和运行的主要工作内容是通过控制输水保证水流可以在冰期平稳安全地流动。

1. 引黄济津工程冰情观测[63]

引黄济津应急调水河北段输水线路，渠首为卫运河左岸刘口穿卫左堤涵洞，至九宣闸天津界，线路全长 335.47km。河北段输水线路共分 4 个部分，该线路为南水北调东线工程的一部分。

冰情观测的时间从水温降至 1～2℃时开始，至来年春季融冰水温升至 1℃时停止。观测共设 4 个固定观测站，分别为清凉江油故、连村观测站，南运河代庄、周官屯观测站。每个观测站设 8 名工作人员，涉及衡水、沧州 2 个市，4 个水文站点，沿程设巡测。

观测期内在油故、连村、周官屯、代庄测站连续进行了水温观测。每站分别在 0.2 倍、0.5 倍相对水深及河底设置了 3 个测点，用以对比水温在水深方向上的变化。观测成果显示水温值绝大多数为负值，油故、周官屯两站一北一南分别位于清凉江、南运河上，这表明南北纬度不同地区的气温、水温存在差异。从观测断面水深方向上看，平均水温多数为水面最低而水底最高，这是由于裸露水面失热较快的缘故。另外，观测断面处敞露水面的长短对观测结果也有影响，敞露水面水流出冰盖后失热多，水温稍低，反之则失热少，水温在水深方向温度变化不大。水内冰观测与水温观测同时进行，在放、取冰网时测量水温，观察水内冰的生成量与同期水温的关系。观测成果统计表明，水内冰的凝结量在水深方向上分布规律为 0.2 倍相对水深处大于 0.5 倍相对水深处，0.5 倍相对水深处大于水底。这与水温在水深方向上的变化规律相吻合。水内冰的旺盛生成期主要在冰盖形成前，与当时气温关系密切，其分布特征为上层水体多于下层水体、中部多于岸边，从上至下、由中到边表现为逐步递减的变化趋势，这与水温和流速的分布规律相一致。流速大的水流能挟带更多的水内冰，水温稍高的底层水流则水内冰较少。水内冰的这一分布规律对河道上有水工建筑物形成卡口的断面将产生很大影响，由于河道的束窄，水内冰大量聚集，堵塞过水断面，影响水流下泄，易造成上游水位上涨，形成漫堤或决口。而水内冰在过水口门等处的附着，也能缩小过水断面，引起上游水位的抬升。因此，在流冰期重点加强诸如渡槽、倒虹吸、涵闸等过水建筑物的观测非常必要，尤其是 2—8 时的水内冰生成的高峰时段。

在冰流量观测方面，在河段巡测中发现代庄闸以上河道敞露河段较多，水内冰产生条件充分；由于距清南连渠较近，其上游来冰多为清南连渠输移而至，且多为流冰花团；周官屯观测断面以上为穿运渡槽，由于渡槽的阻冰作用，冰盖形成时间早，两个站之间的河段敞露水面较少，因此水内冰的生成量较少，冰花团在输移过程中通过冰缘前的堆积冻结、冰盖下的留存融化等，其中的大部分在沿程已经损失，因此出现上游站点流冰量大于下游的情况。随着气温的下降、水温降低，冰厚不断增加。在气温达到一个负极值后有一缓慢回升过程，由于水的热容量大，水温的变化常落后于气温的变化，受水温影响的冰盖的变化落后于水温的变化。在气温降至最低点后缓慢回升阶段，冰盖的厚度会持续稳定一段时间，此时大气与水体之间的热交换达到一个相对平衡状态。由于河道上水工建筑物对河道的束窄，下游流速大于上游流速；河道上游流速低，流凌堆积，多为冰凌的倾斜堆叠，呈立封冻状态；而在下游一定长度河段内常出现清沟，在河道顺直段一般为平封状态。这表明了河道的不同形态、淌凌密度、冰情的急缓决定了封冻形式及其冰厚。

2. 京密引水渠冰情观测[64]

京密引水渠始建于1960年10月，承担着向北京市城区输水的重任，沿渠经密云、怀柔、顺义、昌平、海淀5个区。在京密引水供水系统中将密云水库、怀柔水库、北台上水库、桃峪口水库、十三陵水库、怀柔地下水源井、马池口地下水源和张坊应急供水工程全部贯通，构成了地表水、地下水联合供水体系。通过水源九厂取水口、燕化泵站取水口、城子水厂取水口、南闸及颐和闸向北京城市工业、生活、环境等用户供水。京密引水渠原设计是以农业灌溉为主，随着城市建设和工农业生产的发展，1976年燕山石化开始由京密引水渠供水，1988年水源九厂怀柔水库一期工程投入运行，工业、生活用水大幅增加。此外，官厅水库退出北京饮用水源供水系统，北京城市大量工业用水、生活用水逐步由密云水库水源承担。

1989—1990年冬季，要求京密引水渠全线输水，为了防止冰塞、冰坝等冰害，保证安全输水，在调度运用上采取了控制水流条件，形成冰盖、冰下输水技术。而京密引水明渠冬季冰盖输水时，冰压力对渠系建筑物或渠道护坡有可能造成冰害。北京市水利局与芬兰赫尔辛基科技大学合作开展了冰情观测及研究工作。根据静力学原理，冰体内部压力与冰体对渠道边坡的作用力相等，通过埋设在冰盖内的冰压力传感器即可测出冰压力值。在渠道下段温泉和三院处选择了2个典型断面进行对比观测，2个观测断面共安装3套仪器：温泉2套，三院1套。包括8个液压式压力传感器，3台曲线式自动记录仪。观测设备租自芬兰赫尔辛基科技大学，仪器的率定工作由芬方完成。

温泉断面仪器于1990年1月24—25日安装调试完毕。现场观测工作从1990年1月24日开始，直至2月11日冰盖融化为止。温泉断面最大冰盖厚度为25cm，三院断面冰盖最大厚度为32cm，观测期间冰盖未出现明显裂缝。

除由仪器自动连续记录外，还进行了人工定时观测，以便及时对观测设备运行状态进行监控，并对观测成果进行评价。温泉及三院2个观测断面共取得6条完整和有效的压力过程线，即6条从1月25日至2月11日连续记录的冰压力与时间过程曲线。通过比较仪器观测值与人工定时观测值，两者数值吻合较好。一般从7—8时开始冰压力增大，12—14时达到最大值，而后随气温下降而减小。冰压力日变化过程与气温日变化过程一致，日最大冰压力值出现在气温升高速率最大时，冰压力峰值与日内气温最大值无明显相关关系。最大冰压力变化与日平均气温变化相关，冬季最大冰压力发生在封冻期连续升温的第二天，随着日平均气温的逐渐升高，未观测到较大冰压力值，反而数值减小，这主要是平均气温持续上升，冰体变得疏松的缘故。雪层覆盖亦可制约较大冰压力的产生，2月2日气温在8小时内升高15.5℃，升温速率达到1.94℃/h，未观测到较大冰压力值。这主要是冰盖表面有雪层覆盖，减少了日照，冰温升高减少，冰体热膨胀变形减小所造成的。观测期温泉及三院两观测断面最大冰压力皆发生在1月26日，温泉断面最大冰压力值为0.32MPa，三院断面最大冰压力值为0.38MPa。三院断面冰压力大于温泉断面的原因有两方面：一方面是日照影响，温泉处两岸有茂密林带，日照强度不如三院处大；另一方面则是边界条件影响，温泉断面为1：2.5斜坡的梯形断面，三院为直墙矩形断面，冰体膨胀所受的约束力不同，直墙对膨胀变形的约束力较大。冰厚观测方面，温泉断面冰盖最大厚度为25cm，三院断面最大冰厚为32cm。总静冰压力为单位长度冰盖上沿厚度分布的静冰压力值的总和。冰压力大小与升温速率和冰体初始温度有关，因此，冰层温度分布尤其是冰层温度升降幅度决定冰压力沿冰厚的分布。在气温和日照等热交换作用下，上层冰体的温度变化比下层剧烈，冰层上部的冰压力大于下部。冰盖底面与水交界处冰压力近似为0；冰盖表面为自由面，冰体膨胀无层间约束，产生的冰压力值稍小。因此，冰压力沿冰盖厚度方向分布是不均匀的，最大冰压力出现在某一深度处。

3. *伊丹河冰期输水冰情观测*[65]

伊丹河冰期输水是吉林省中部城市引松供水工程长春干线的一部分。长春干线需利用天然河道输水，长度为7.3km，由于工程地处严寒地带，冬季气温很低，河道冬季输水运行时，会出现不同程度的冰情，影响河道的水力条件，也会影响到上游长春干线隧洞、冯家岭分水枢纽水力条件，进而影响整个工程的调度运行安全。因此长春干线伊丹河段冰期输水和冰害的防治已成为中部供水工程必须解决的问题。伊丹河发源于伊通县二道镇流沙村加曹屯，于长春市南关区新湖镇汇入伊通河进入新立城水库。伊丹河伊通县二道镇石场村以上为山区，河道两侧生长茂密的次生林，以下为丘陵区和平原区。冰情观测主要对伊丹河伊通县二道镇石场村以下河段进行观测。冰情观测依据中华人民共和国水利部颁布的《河流冰情观测规范》（SL 59—2015）进行，观测河段长50km，共分为三段。冰情观测时间从 2015 年 1 月封冻起至 2015 年 4 月解冻结束，历时 4 个月。

冰情观测设备主要有温度计、旋转流速仪、GPS 等设备。观测人员在进行冰厚、流量、水深、水温测量工作的同时还进行了实地调查，以了解伊丹河的封冻解冻时间以及开河情况。通过原型观测资料建立伊丹河冰期输水冰凌数学模型，以 11 月 1 日为时间计算起始点，经模拟计算可得，在 50 天左右（即到 12 月 20 日）时伊丹河输水河段水温首次出现负值，河道开始出现水内冰，随后河道开始出现流凌现象，12 月 29 日在下游首先形成初始冰盖并向上游推进。局部地区水温在 12 月 17 日左右降到 0℃附近，水体进入过冷却状态，水内冰生成，随后开始流凌以及冰盖的生成，最后水温维持在 0℃。冰盖厚度主要受气温影响，自上游至下游逐渐变厚，在气象以及水温条件等适宜的条件下，河道大部分河段都可以形成冰盖。水温在 2 月末开始转正，随后稳步上升。冰厚值随之开始减小，这与气温在此时开始明显回升现象相吻合。进入 3 月，由于气温明显转暖以及水温开始转正，冰厚值进一步减小，约在 3 月末河道开河。计算结果表明，在伊丹河上游水力要素保持不变及长春干线出口流量没有急增的条件下，开河形式为文开河，不会出现凌汛。

4. 塘河电站引水渠道冰情观测[66]

在西藏，已建的中小型水电站绝大多数为引水式水电站。为了获得一定的发电水头，一般都修建有几千米至十几千米长的引水渠道。西藏自治区平均海拔在 4000m 以上，冬季严寒而且漫长，冰与冰冻问题是引水式水电站能否正常运行的关键问题[67]。在电站冬季运行中，渠首前渠道封冻、进水口冰凌堆聚现象时有发生，无法保证正常引水，严重影响电站正常发电，致使发电成本高、水资源及设备利用率低。塘河水电站位于西藏日喀则地区谢通门县境内，距日喀则市 47km。塘河电站所在的塘河每年 11 月至次年 3 月为冰期。当气温降至 0℃以下时，河流开始产生流冰花，11 月中旬渠道两岸形成薄冰。由于该地区日温差较大，晚间水体失热加快，水内冰和岸冰增多；白天日照强烈，气温上升，岸冰厚度减薄，甚至融化。随着气温的不断降低，水内冰不断增多，岸冰进一步密实增厚，并向河心延伸，局部河段出现封冻，流速较大的河段整个冰期不封冻。塘河电站引水渠道冰情严重，渠道流速沿程变化较大，冰期除通过进水口进入渠道的冰凌外，水流在渠道内流动的过程中，也不断生成冰花和岸冰，但渠道基本不封冻。为了排除渠道中的冰花，渠道沿线设置了排冰闸，但排冰效果不理想，大量冰花在渠道末端和前池堆积，并向渠道上游延伸 1km 左右，对电站引水造成极大危害。

塘河电站引水渠道冰情观测的内容除渠道的地形、水位、水深等常规观测项目外，还观测了气温、水温、冰花密度等，并根据当时的水流、气象条件，观测、收集了当地的气象资料，包括太阳辐射强度、风力及风向、云量及露点温度等。水温观测共设3个观测断面，1个矩形断面和2个梯形断面。这三个断面均设置在渠道明渠段，观测方便，具有很好的代表性。每个断面观测左、中、右3条垂线，每条垂线测量水面以下0.5m、1.0m、50%水深、水底以上0.5m处的水温。观测期为2006年1月1日至2006年1月31日，为期1个月。每个观测断面每隔1h观测1次。气温设置为观测渠道水面上6m处的气温，观测时段和水温观测时段相同。在水温观测断面量测冰花密度，每个断面取1个混合水样，冰花密度的测量采用过滤称重法。气象资料包括太阳辐射强度、风力及风向、云量、露点温度等，其中，风力及风向、云量及露点温度采用日喀则市气象局观测资料。

由于西藏冬季尤其是夜晚的温度极低，有时达到−20℃，许多性能良好的精密量测仪器无法直接用于西藏野外观测，因此在此次原型观测中，考虑采用适用性强且耐寒的常规量测仪器。水温测量仪器精度达到0.10℃，测量范围为−40～+100℃，满足观测要求。观测结果表明，塘河电站气温昼夜差值大，每日最低气温出现在10时，最高气温出现在17时左右。各断面水温观测结果表明，由于观测时段为冰期，渠道内一直有冰花存在，水温在0℃上下浮动。观测时段内，塘河电站引水渠道不封冻，主要冰情形式为漂浮在水面的冰花。每日10—12时冰花密度达到最大值，最小值出现在14—20时。影响冰花密度的气象因子主要为太阳辐射强度和气温，风速影响不大。冰花密度与太阳辐射强度和气温成反比，但冰花密度的变化滞后于太阳辐射强度和气温的变化。

第 2 章

南水北调中线冰情概况

本章概述了南水北调中线工程所处流域的空间背景、气候特点以及冬季冰期输水所面临的冰情问题。从原型观测、物理模型及数值模拟等几个方面归纳总结了中线干线工程通水前后的研究方法及成果。介绍了 2016—2019 年度南水北调中线冰情观测的研究思路、工作方法及主要成果。

2.1 背景介绍

南水北调中线工程是缓解我国华北地区水资源严重短缺、优化水资源配置、改善生态环境的重大战略性基础设施，可满足沿线 30 多个城市的工业、生活用水要求，控制地下水超采，将南方的水资源优势转化为经济优势，为京津冀协同发展国家战略提供强有力的水利支撑。南水北调中线工程从丹江口水库陶岔渠首取水，总干渠跨越长江、淮河、黄河、海河四大流域，沿途经过湖北、河南、河北，直达北京团城湖和天津外环河，是一项跨多流域、多省市的长距离特大型调水工程[68]，南水北调中线工程输水线路如图 2.1－1 所示。陶岔渠首闸至北拒马河暗渠节制闸采用明渠

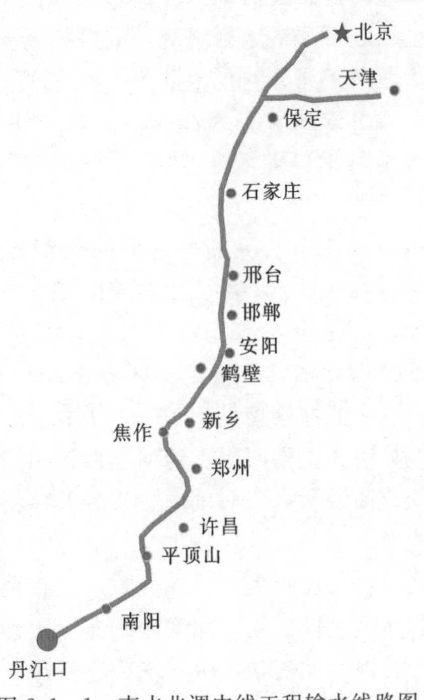

图 2.1－1　南水北调中线工程输水线路图

输水，北京段采用管道方式输水，天津段采用管涵输水，总干渠全长1432km，大型建筑物数量多，包括节制闸、分水口、退水闸、倒虹吸、隧洞、渡槽和暗涵等，全线自流输水，采用闸前常水位运行方式，无在线调节水库。

南水北调中线京石段于2008年开始应急输水，2014年12月全线建成正式通水。渠道由南向北跨越北纬33°～40°，气候由温和趋向寒冷，气象、水文条件复杂，冬季冰期输水问题突出。渠道特性和外部环境条件决定了干线流凌、封冻日期溯源而上，开河日期自上而下。在流凌、封冻期，下游先形成流凌，冰花自下游到上游逐渐积累，越往北越严重；开河解冻期，上游先开河解冻，水流自南向北，含冰量沿程增大，容易形成冰塞[69]。在空间上，冬季运行期间总干渠沿程会出现多种冰情；在时间上，总干渠内明流可能与流冰、冰盖多种冰情同时出现，尤其是倒虹吸、隧洞、渡槽、节制闸、弯道和桥墩等束窄断面，有发生冰塞、冰坝的可能，影响冰期输水正常运行。同时，考虑到沿线渠道半挖半填及填方段较长，在渠道正常运行时，水位一般比原地面高程高出数米，两个节制闸间的水量相当于一座小型水库，一旦渠道失稳或因冰凌阻塞壅水漫堤，将对沿线周围的居民生命财产安全造成严重威胁，尤其是寒冷的冬季，后果更是不堪设想。为研究南水北调中线总干渠冰期输水冰情的时空分布、发展变化规律，以及可能发生的冰害对安全输水运行的影响，探索冰期输水冰情预防及治理措施，多家单位在总干渠设计之初选取与之条件相似的输水渠道进行冰情原型观测，或进行模型试验，或进行数值模拟计算，为解决这一难题做了充分的技术准备。

由于冰害多因冰体潜入冰盖下方或流冰堵塞过水断面而产生，北京市水利科学研究所于1989—1991年2个冬季在京密引水渠开展冰盖下输水运行的冬季冰情观测[70]，沿线设置3个自动气象观测站、49个水位观测断面和5个测流断面，同时组织巡视组对典型冰情进行跟踪观测。研究表明，在$Fr<0.09$、水深$H>1.5$m的水流条件下，冰体不致潜入冰盖以下，而是会在冰盖前缘堆积，形成稳定冰盖，在融冰期冰盖可就地消融，不会产生流冰。

大清河管理处于1994—1997年3个冬季在引黄总干渠、大清河系北支南拒马河、白沟河、大清河和白沟引河开展了冰情原型观测[71]，选取特定断面，划分测线测点，对气象、水文及冰情进行了系统的观测，获取了气温、地温、地形、水温、水位、水深、流速、岸冰、水内冰及冰流量等多方面冰情观测数据，另外还收集了当地气象水文资料作为辅助。观测成果显示，河道水力要素和冰情呈现出随时间变化的非恒定性，以及沿河道、河宽和水深变化的空间三维特性，尤其是产生冰塞、冰坝时，这些特性表现得尤为明显。结合总干渠的设计参数及运行特点提出，水内冰和水面流冰（固-液两相流的形态）是主要输冰形式，应重视拦污栅、节制闸等建筑物上凝结的水内冰。殷瑞兰等[72]通过数学模型的计算验证了这一结论，认为总干渠结冰状态为自由流凌，沿程输冰量逐渐增加，当建筑物进口、渠道断面束窄处等局部受阻时，可能会影响安全过流。

2002—2003年度对引黄入冀总干渠在应急输水期进行了冰情观测，该渠段因输水线路、气候、工程条件与南水北调中线总干渠的规划线路基本一致[7]，此次观测成果为南水北调中线工程河北段的规划设计提供了具有参考价值的原型观测资料。

郭新蕾等[73]利用研发的大型长距离调水工程冬季输水冰情数值模拟平台与范北林等[74]利用一维非恒定水-冰热力学数学模型，得出了相同的结论，即冰情的产生及发展变化和寒潮密切相关，不同的气候年份所关注的重点区域应有所不同。高霈生等[75]应用一维热平衡方程，以出库水温和临近渠道表面温度为初始条件和边界条件，对3个典型年模拟干渠郑州至北京段沿程的水温变化，预测冰花起始时间、冰流量、冰盖形成时间及冰盖厚度。估算出沿程各渠段主要断面过冰能力，预测各渠段的冰塞发生位置、冰盖形成及稳定性和冰下过流能力。魏良琰等[76]分析计算了中线总干渠沿程水温和流冰量变化与同期气温降低之间的关系。

针对南水北调中线总干渠冰期输水冰情的原型观测、模型试验及数值模拟的分析结果，刘孟凯等[77]介绍了热量交换及冰盖表层温度的计算方法，建立冰期输水模型来预测冰盖厚度；穆祥鹏等[78]提出了水位-流量串级的反馈控制算法，建立渠道冰期运行控制模型；王流泉[79]从工程和非工程措施两个角度提出了多种防冰运行方式，如调整设计断面、设置拦冰索、优化调度、控制流量等。此外，多位学者认为应深入研究沿线建筑物及边坡冻胀问题，满城附近的西黑山节制闸需密切关注，在冻融交替阶段，流冰量的变化应是冰情观测的重点[7,72]。

寒冷地区冰期长距离输水面临着复杂的冰体冻融情况，受罕见寒潮影响，甚至可能发生冰塞、冰坝等冰害现象。周梦等[80]结合近年来南水北调中线工程冬季运行经验和冰期输水的水力特性，提出了判断冰期输水时段、合理安排输水流量、制定应急预案、建立冰情预报预警系统等输水调度方式和管理措施建议。为了准确预测冰情，莫振宁等[81]利用热量交换法在不同条件下对渠道内一维冰盖生消过程进行数值模拟，利用实测资料率定模型参数，检验冰盖厚度对于各项参数的敏感性。闫弈博等[82]通过研究水体热量收支分析水热环境，指出太阳净辐射量、气温、风速、相对湿度是明渠冬季热力学及冰情模拟必须要考虑的气象环境因素，而总云量影响相对较小。范哲等[83]结合在线分析和离线分析方法拟定南水北调中线工程安全监测的预警机制，并应用于南水北调中线干线工程安全监测自动化系统。

2011—2016年南水北调中线建设管理局组织对总干渠进行了冰期输水原型观测，其中2011—2014年京石段临时通水，输水渠线短，引水流量小，冬季几乎全线封冻[84]，冰情观测重点区域第一年在放水河渡槽上、下游渠段和南拒马河倒虹吸上游渠段；第二、第三个冬季观测范围为石家庄古运河入渠口至北拒马河暗渠明渠段[16]。2014年12月，全线正式通水，在调度上采取了小流量、闸前高水位、低流速和冰盖下输水的运行方式，冰情观测范围为安阳河倒虹吸至北拒马河暗渠。

冰情原型观测包括气象、水力及冰情观测3个方面。气象数据包括天气状况、气温、气压、相对湿度、风速风向、地温和日照时间等，由布置于放水河渡槽附近的气象站和沿线典型断面的气象点获取，气象站主要由便携式气象仪、高精度温度计和地温观测系统组成。水力数据包括流速、流量、水温、水深及闸门开度，主要依托于总干渠水力自动化监测平台，在参与调度的节制闸前后设置典型断面。在冰情发展重点时段，选择典型断面，用数字水温仪和水温计、流速仪和便携式流速仪进行全断面水温和流速观测，过水流量变化明显时，用ADCP对总干渠连接段入渠口进行流量观测。冰情观测包括岸冰、流冰花、表面冰、流冰和流冰量、冰厚、冰盖及冰塞冰坝等冰情。岸冰、流冰花、表面流冰层及冰厚观测主要布置在调度控制闸的上、下游典型断面；水内冰观测主要布置在放水河渡槽的上游渠段和水北沟渡槽；冰盖观测布置于沿线干渠，视冰情发展进行冰盖形成时间、形成方式、形成特性、冰盖厚度增长过程、分布规律及冰上裂缝等内容的观测。冰情观测工具一般包括钢板尺、照相机、摄像机、冰网、电子秤、冰钻、量冰尺及橡皮艇等[16]。

中线总干渠正式通水后的第一个冬季冰情不严重，观测结果包括无冰段、流冰段和封冻段，其中安阳河倒虹吸至古运河暗渠段为无冰段，古运河暗渠至岗头隧洞段为流冰段，岗头隧洞至北拒马河暗渠段为封冻段[85]。

2015—2016年度总干渠输水流量提高，同时遭遇历史罕见寒潮，岗头隧洞上游明渠段形成大量流冰，在进口拦冰索前破碎下潜形成冰塞体，之后体积不断增加，向下游运动直至节制闸前，冰塞体平均厚度为0.9～1.5m，严重阻水，现场运行管理人员及时采取应急措施，冰塞体得到控制。该年度的观测为之后的冰情观测敲响警钟，漕河渡槽至岗头隧洞段应引起足够重视[86]。结合专项研究结果，水内冰的发生发展变化对于冰期输水中形成的流冰及冰盖的形态等十分重要[87]，因此水内冰的原型观测及相关研究应是冰情研究的重点内容。

2.2 研究思路和成果简介

2.2.1 研究思路

综合南水北调总干渠通水前后的数值模拟、模型试验以及原型观测成果，大致掌握冰期输水冰情重点渠段及主要冰情时空分布规律，在此基础上，开展2016—2019年度南水北调中线工程通水初期冰期输水冰情原型观测与研究工作，为中线干线冬季冰期输水冰情演变积累基础数据和输水经验，确保南水北调中线总干渠冰期输水安全，同时提高过流能力。

2016—2019年度冰情观测主要方式为设置固定测站和冰情巡视相结合，及时整理、分析并发布冰情观测和巡视成果，结合气象信息根据观测到的冰情发展及时发布冰情预警，提出冰情生消演变的基本规律与特征判别条件，揭示气象条件、水力条件对水温变化和冰情的影响程度，掌握中线冰情的时空分布特征和变化规律，分析南水北调中线冬季结冰对工程调度运行的影响。

根据历史观测成果，冰情观测重点区域为安阳河倒虹吸至北拒马河暗渠渠段，综合考虑渠道和建筑物特点、历史冰情等因素设置5个观测站，由南向北分别是安阳河倒虹吸、七里河倒虹吸、滹沱河倒虹吸、漕河渡槽以及北拒马河渠段。

固定测站观测分为气象观测、水力观测以及冰情观测，其中，七里河倒虹吸测站仅进行气象观测，其余4个固定测站进行气象、水力、冰情观测。每个固定测站布置3个观测断面，所选观测断面具有代表性，选定原则：①考虑冰情的发展情况；②考虑渠道建筑物结构特点；③较易于观测；④兼顾交通、通信需求。随着观测工作的进行，根据实际情况对观测断面做出相应调整。气象观测包括气温、相对湿度、气压、风速风向、太阳辐射强度和地温。水力观测包含流量、流速、水温、水深和水位等。冰情观测主要有岸冰、水内冰、流冰花、表面流冰层、冰厚、流冰及冰盖形成、稳定和融化过程等。

冰情巡视可捕捉冰情沿渠道的发展、变化规律，实时掌握冰情发展演变的空间总体分布情况。重点巡视渠段在保定漕河渡槽岗头隧洞进口至北拒马河渠段惠南庄泵站之间，为历年冰情发生频率较高的渠段。重点巡视渠段巡视频次不低于3天1次，非重点巡视渠段巡视频次不低于10天1次。针对冰情严重程度调整巡查频次，合理配置巡视人员及设备。在有冰塞、冰坝出现的渠段，每天巡视2次或设专人值守。当极端低温天气出现时，应沿着冰情前沿向上游跟踪巡视。巡视内容包括流冰、冰盖封冻、渠道开河方式、残冰堆积和冰塞、冰坝等。

每年的观测时段为11月中旬至次年3月，具体日期按照冰情观测作业指导书的要求及观测经验确定，当渠道水温在3.0℃左右或者根据天气预报气温有明显下降趋势的情况下进场，在水温升至3.0℃以上且天气预报气温持续回升的情况下退场。所有观测数据采取规范的管理措施，保证电子文档和观测数据的完整。每个观测期完成观测内容后，严格依照相关规范要求，利用计算机和互联网技术及时整理、分析观测数据，提高数据整理与分析效率。基于冰情原型观测数据，利用统计学、支持向量机、神经网络等方法，对观测数据进行科学分析。

通过3年的连续观测，获取了南水北调中线干线沿线大量气象、水力及冰情实测基础数据资料，积累了中线干线冬季冰期观测经验，建立了南水北调中线工程最低水温和冰情预测模型，开发了集数据存储与展示、数据分析、实时冰情影像、水温预测、冰情预测等功能为一体的南水北调冰情观测信息化平台，为渠道安全运行调度提供了技术支撑。

2.2.2 成果简介

本书以2016—2019年度冬季冰期输水冰情原型观测为背景，从冰情观测方法、南水北调冰情观测信息化平台、冰情观测成果与分析三个方面介绍在南水北调中线工程冰情观测中所使用的方法及其应用情况，以期为从事此类研究的机构或学者提供参考。

1. 采用先进观测设备与方法，全方位监控冰情发生与发展

为了获取丰富且精准的实测数据，各个观测项目均配备先进的观测设备。气象站为锦州阳光生产的PC-5型自动型气象站，具有精度高、故障率低、三维测风、体积小等特点。测站水位高程测量应用高精度DNA03水准仪。水温观测采用CASTAWAY®-CTD温深仪，该设备的工作范围为$-5\sim45$℃，观测精度为±0.05℃，分辨率为0.01℃，携带、观测便利，能自动记录、传输一条测线上不同水深的水温。流速观测采用Sontek公司生产的FlowTracker2流速仪，设备的工作范围为0.001～4m/s，分辨率为0.0001m/s。另外，引进Fotric公司生产的红外热成像仪，精确测量大范围的温度变化并以图像的形式展现，获取某一渠段面板和渠水的表面温度观测资料。

为提高冰情观测效率，丰富观测信息，引入无人机航拍技术，主要在岸冰、流冰、冰盖形成后对渠段进行拍摄，从宏观角度全景展示渠段冰情发展变化，避免了频繁转场，及时捕捉渠道冰情发展状态。同时在冰情巡视中采用水下无人机，在渠道形成冰盖后，分别在北拒马河渠段和南拒马河渠段等部位进行水下摄影，掌握水内是否有流冰冰层堆积现象及水内冰的分布情况，帮助冰情观测人员了解并判断结冰期渠道冰情的进一步发展状况。为弥补巡视遗漏，

在历史冰情严重渠段安装固定网络摄像机，定时传输冰情照片。

2. 利用互联网技术，及时高效使观测成果可视化

为保证原型观测数据及时有效地采集和整理，提高成果展示效果、数据管理水平和冰情信息发布效率，开发南水北调冰情观测信息化平台。该平台实现了气象观测数据、水力观测数据和冰情观测数据的集成化管理，即完成数据的上报、审核、整编和分析功能；实现了巡视影像资料随时、随地经手机APP上传，并在网页端展示冰情巡视成果和现场测量结果的功能；实现了无人机实景航拍、水下无人机冰情状态捕捉以及红外热成像等冰情观测影像的展示功能；实现了水温预测和冰情预测功能，经过连续两年的验证，取得了较好的预报效果；工作人员可以利用云平台进行网络办公，将观测成果及时展现给运行管理者；冰情日志经审核后可由平台推送至移动终端，向主要管理者提供今日冰情以及明日冰情预测信息。运行管理者可以通过该系统全面地了解各渠段冰情发展的情况，进行方案调整、合理调度，及时采取措施预防冰灾、冰害的发生。

3. 初步掌握冰期冰情时空分布特点

通过2016—2019年3个冬季的冰期原型观测，在南水北调中线工程安阳河倒虹吸以北的冰情观测区域，通过沿线冰情巡视和4个固定测站观测到的冰情现象主要以岸冰和流冰为主，流冰主要分布于滹沱河以北渠段，在漕河渡槽以北局部渠段（拦冰索、桥墩、浮桥等附近或转弯处）多为流冰堆积，偶有冰盖发生。

岸冰通常出现在日平均气温转负以后，随着气温的降低，岸冰逐渐增厚、宽度加大，岸冰沿渠的分布范围明显扩大，一般在中午由于气温升高和太阳辐射的增强，岸冰脱落后随水流下行形成流冰，寒冷天气在拦冰索前堆积并向上游扩展延长，随着傍晚或夜间气温的降低，堆积区域形成局部冰盖。伴随着气温回升，日平均气温转正以后，岸冰和局部冰盖开始消融、变薄、开裂，在水流动力作用下，冰块向下游漂移。

每年的冬季可以划分为“降温期”和“升温期”2个阶段。每年1月为当年冬季最冷月，整个冬季的最低日平均气温多发生在该时段，一般1月底以后气温开始回升。在降温期，若当日平均气温低于多年日平均气温，要密切关注渠道水温的变化趋势，此时是预防、预测冰灾、冰害的关键时段。特别是中、长期天气预报表明寒潮过后没有升温趋势时，日平均气温持续低于多年日平均气温值应加强冰情观测和冰情巡视，提前做好防冰灾（害）的预防措施。

4. 建立水温、冰情预测模型，指导渠道运行及冰灾冰害预防

对于冰情观测成果，采用统计学、支持向量机、神经网络等方法对3个冬季观测期内的原型观测数据进行整编、处理与分析，寻找水温影响因子，进行

水温拟合，确定了日平均水温及其影响因素之间的联系，构建了 WTI（water temperature iteration）水温迭代模型、BP 神经网络和支持向量机水温预测模型，WTI 水温迭代模型在不考虑水深流速变化的前提下，预测效果较好。BP 神经网络和支持向量机方法考虑的要素更加丰富，但目前只在北拒马河渠段取得相对较好的预测效果。经统计学方法处理后虽保留了重要变量，但是预测精度并未提升，可能是训练集过少，难以准确把握水温及其影响因素之间的关系，待原始数据逐年丰富，这两种方法将会广泛应用于水温预测。

对固定站点的水力因子和冰情变化规律有了深入了解，尤其是对冰情发生和转换的临界点进行了总结和探索，构建了 S-NAT（stage negative accumulative temperature）和支持向量机冰情预测模型，取得了准确率较高的预测成果。由于研究时段为暖冬特性，支持向量机方法将冰情分为有冰、无冰两种情况进行考虑，如冰情周期更长且演变复杂，则可以把冰情进一步分类，预测结果将进一步丰富。S-NAT 模型针对北拒马河渠段至漕河渡槽这一区域建立，实用性强，在流速、水深保持稳定的情况下，预测准确度较好。由于气温对水温的影响有一定的延迟，当气温发生变化时，水温要延迟气温数天发生变化，为我们提供了较为充足的时间去调整模型参数，进而提高预测准确率，能够在冰情观测期间为南水北调中线工程干线的输水运行提供有效服务。

第 3 章

冰 情 观 测 方 法

本章详细介绍了在 2016—2019 年度南水北调中线工程冰情观测中气象、水力、冰情以及沿线巡视的观测项目、工作方法及应用设备。其中，气象要素包括气温、相对湿度、气压、风速风向、地温及太阳辐射强度，使用固定式 PC-5 型自动型气象站以及便携式 PC-5A 型超声波一体气象站进行观测；水力要素包括水温、水深、流速及流量，采用 CASTAWAY®-CTD 温深仪和 FlowTracker2 流速仪进行观测；固定测站冰情观测项目包括岸冰、冰花、冰盖封冻、冰盖厚度、开河融冰、开河方式、水内冰、流冰、冰盖糙率和冰塞冰坝等，采用的仪器设备有钢尺、卷尺、计时器、冰花采样器、量冰花尺、橡皮艇、照相机、摄像机、半球形冰网、电动冰钻及冰压传感器等。沿线冰情巡视范围为安阳河倒虹吸至北拒马河渠段，主要观测流冰、冰盖封冻、渠道开河方式、残冰堆积和冰塞冰坝等项目，采用目测、摄像、照相和采样测量等方法，侧重主要渠段和重要建筑物位置等。为丰富冰情观测成果，提高工作效率及质量，观测中引进空中无人机、水下无人机及红外热成像仪等新型设备，在典型区域安装固定网络摄像机实时监控，建立了专门的信息化平台，用于冰情观测期间数据存储、智能分析及实时共享等，不断优化工作方法，推进冰情观测的智能化发展。

3.1 气象观测要素和设备

3.1.1 气象观测要素

气象观测是指利用气象仪器对可能影响冰情的气象要素进行有规律的观测。渠道水因热量变化而产生结冰、封冻和解冻等冰情现象，太阳辐射量和气温与渠水热量直接相关，进而决定着冰情的演化。此外风速风向也是影响冰情发展的气象因素之一。由于气象条件是影响冰情演变的主要热力因素，因此气象观测是冰情原型观测的重要组成部分。

气象观测的主要内容包括气温、风速风向、气压、相对湿度、太阳辐射强度和地温等。其中，气温是可以表示空气冷热程度的物理量，国际上标准气温度量单位是℃，气温观测包括日最高气温、日最低气温、日平均气温和各个时刻气温的观测，最高气温是每日内气温的最高值，一般出现在14—15时，最低气温是每日内气温的最低值，一般出现在日出前。

风速是指空气相对于地球某一固定地点的运动速率，也就是空气流动速率，常用单位是m/s；风速无等级，风力有等级，风速是风力等级划分的依据，一般来讲，风速越大，风力等级越高，风的破坏性越大。风向是指风吹来的方向，风向的测量单位用方位来表示，采用16个方位表示，分别是N、NNE、NE、ENE、E、ESE、SE、SSE、S、SSW、SW、WSW、W、WNW、NW、NNW。风速风向观测主要是记录每个观测时刻的瞬时风速风向。

气压是大气压强的简称，是作用在单位面积上的大气压力，即在数值上等于单位面积上向上延伸到大气上界的垂直空气柱所受到的重力，单位是hPa，气压的大小与海拔、大气温度、大气密度等有关。相对湿度指空气中水汽压与相同温度下饱和水汽压的百分比，单位是%。

太阳辐射强度是表示太阳辐射强弱的物理量，单位是W/m^2；大气上界的太阳辐射强度取决于太阳的高度角、日地距离和日照时间。太阳辐射强度具有方向性，不同方向具有不同的辐射强度，在日常冰情观测中，太阳辐射强度是指水平面接收的总辐射强度。

地温是指地表面和地表以下不同深处土壤温度的统称，单位为℃；地温有明显的日变化和年际变化，一般这些变化随着深度的增加而减小；地温最高、最低值的出现时间，随深度增加而延迟。地温观测主要是通过埋设传感器观测，记录冰期各阶段土壤表面、地表下20cm、40cm、80cm等不同深度的地温数据。

3.1.2 气象观测设备

气象观测的方法是采用固定式气象站和便携式气象站两种观测设备对各气象要素进行观测。固定式气象站为锦州阳光生产的PC-5型自动型气象站，观测内容为气温、相对湿度、气压、风速风向、太阳辐射强度和地温。便携式气象站为锦州阳光生产的PC-5A型超声波一体气象站，观测内容为气温、相对湿度、气压、风速风向、太阳辐射强度。

气象站的具体布置是每个固定测站设置1套全自动固定式气象站，巡视组配备 1 套便携式气象站。气象站的布置需满足相关行业规程规范和观测任务要求，同时气象观测也须遵循气象行业规程规范，保持连续性和完整性。

固定式气象站观测频率设定为每小时 1 次（整点），需要时可加密观测。固定测站气象站数据，按整点在冰情观测信息化平台上发布，供各观测人员查看和应用。定期定时巡视观测场和自动气象站设备，定期检查、维护各要素传感器，冬季冰期一般每 7 天 1 次，其他时期 1 个月 1 次，并委托专人随时维护。

此外，还需进行沿线气象数据收集工作，包括中长期气象预报、国家气象基本站实际观测资料，便于合理安排冰情观测和冰情巡视，及时发现冰情灾害。

3.1.2.1 固定式气象站

PC-5 型自动型气象站是结合了国内外先进技术的高端气象设备，该设备利用超声波探头测量风速风向，内置各种气象传感器，如图 3.1-1 所示。

图 3.1-1 PC-5 型自动型气象站

PC-5 型自动型气象站是按照世界气象组织（WMO）气象观测标准设计、生产的标准气象站，可观测的气象要素有环境温度、环境湿度、露点温度、风速、风向、气压、太阳辐射强度、降雨量、蒸发、土壤湿度、二氧化碳、PM2.5、能见度、雪深等指标，适用于气象、水利、环境监测、交通运输、军事、农林、水文、大型工程和科研教学领域。

1. 气象站的组成

PC－5型自动型气象站由硬件和系统软件组成，硬件包括传感器、采集器、通信接口、电源、计算机等，软件系统含采集软件和专业业务应用软件。

2. 工作原理

该气象站采用超声波探头来测量风速和风向，没有任何移动部件，仪器结构紧凑，耐用，数据可靠。可以用内置的温度、湿度、气压和太阳辐射强度等传感器探头监测相关气象要素。

3. 系统特点

(1) 超声波风速风向仪是传统机械式风速/风向传感器的替代产品，它采用领先的超声波制造专业技术，适用于陆地和海洋环境。

(2) 超声波气象站坚固耐用，测量精度高、寿命长，没有机械传动部件，不易损坏，安装方便。

(3) 可以测量三维立体的风速风向或二维平面的风速风向，且不受启动风速的影响，零风速开始测量（更适合微风），并可在超大风速下使用。

(4) 传感器表面经过特殊的防腐蚀处理，以及专业的结构设计，使其可在各种恶劣的极端气候环境下工作。

(5) 超声波技术是非接触式测量方法，不受外界条件影响。

(6) 信号输出接口灵活方便，有数字输出和模拟输出功能。

(7) 由于其特有的工作原理，无须昂贵的现场校准或维护费用，免去了固定站点高位安装、拆卸的困难。

4. 系统功能

PC－5自动型气象站具有网络通信功能，其配有标准RS232/485/USB通信接口，支持标准MODBUS通信协议，可以采用有线、局域网、光纤、GPRS无线移动网、无线数传电台等多种通信模式，还可与光伏气象站接收服务器组成气象观测系统。该系统具有以下功能：

(1) 系统采用超声波测风传感器一体化设计技术，结构小巧牢固，携带便捷；系统内设有多路温控装置，可在严寒、暴雪等极端气候运行，保证高精度测量。

(2) 管理软件在Windows环境运行，实时显示各路数据，每1s更新1次，数据自动存储（存储时间可以设定），与打印机相连可自动打印存储数据，数据存储量达1年以上，数据存储格式为Excel标准格式，可供其他软件调用。

(3) 数据采集器采用高性能微处理器主控CPU，大容量数据存储器，可连续存储数据6个月以上，工业控制标准设计，便携式防振结构，大屏幕汉字图形液晶显示屏，轻触薄膜按键，适合在恶劣工业环境使用。具有停电保护功能，当交流电停电后，由充电电池供电，可维持24h以上。

（4）系统具有多种供电方式，交直流两用，或配太阳能电池供电。

（5）观测要素可以根据用户需求灵活调整和增减。

（6）可靠的三防设计，防护级别达到IP65级，完善的防雷击、抗干扰等保护措施。

（7）工作环境：温度范围为－50～＋80℃，湿度范围为0～100%，抗风等级不大于75m/s。

（8）采用不锈钢轻金属支架和野外防护箱，外形美观、耐腐蚀、抗干扰，可长期运行于各种室外环境。

5. 技术指标

PC－5型自动型气象站技术指标见表3.1－1。

表3.1－1　　PC－5型自动型气象站技术指标

名　称	型号	测量范围	分辨率	精确度
环境温度	PTS－3	－50～＋80℃	0.1℃	±0.1℃
相对湿度	PTS－3	0～100%	0.1%	±2%（≤80%时） ±5%（>80%时）
大气压力	QA－1	300～1100hPa	0.1hPa	±0.3hPa
风向风速	EC－A1	0°～360°	3°	±3°
		0～70m/s	0.1m/s	±(0.3+0.03V)m/s
土壤温度	PTWD－2A	－50～＋80℃	0.1℃	±0.1℃
太阳总辐射	TBQ－2	0～2000W/m^2	1 W/m^2	≤5%
观测支架	TRM－ZJ	3～10m可选	户外使用	钢结构，外观喷塑防腐，含防雷保护装置
太阳能供电系统	TDC－25	功率30W	太阳能电池＋充电电池＋保护器	可选配
无线通信控制器	GSM/GPRS	短/中/长距离	免费/收费传输	可选配

6. 数据的观测与发布

PC－5型自动型气象站是可在极端的环境下实现多种气象要素的全自动监测、存储、处理和传输功能的野外无人值守气象站。采集系统拥有10个模拟单端通道、5个数字通道、3个计数器通道、1个RS232通信口及16Mbits存储器，动态存储，16位A/D转换位数，时钟精度小于30s/月；可设置采集间隔，最小间隔5min，太阳能电池可持续供电时间不少于10d，平均无故障时间大于10000h。

自动气象站观测时间间隔一般为1h，必要时加密观测。固定测站气象站数据采集后在云平台统计发布，发布频率为1次/h。

7. 设备安装与维护

固定气象站的风速、风向传感器安装在不锈钢金属支架上，气压传感器安装在数据采集器内。传感器和数据采集器用专用电缆连接，电缆穿管保护，数据采集等设备均固定于不锈钢保护箱内，并悬挂在风杆上，四周按要求围护，并设立观测站站名、承建单位名称和安全警示牌等。

定期（时）巡视观测场和自动气象站设备，定期检查、维护各要素传感器，冬季冰期一般每7天1次，其他时期1个月1次，并委托专人随时维护。每年春季进行防雷设施检查，复测接地电阻值判断是否满足要求；每年10月进行1次气象站的传感器、采集器和系统的现场检查和校验；每年冰期观测开始前按气象部门制定的检定规程进行检定；冰情观测期内每月派相关技术人员到现场检查和维护，并做好记录。

3.1.2.2 便携式气象站

1. 气象站的组成

PC－5A型超声波一体气象站（以下简称“PC－5A型气象站”）包括气象站和折叠支架以及可伸缩支架，如图3.1－2所示。

图3.1－2 PC－5A型超声波一体气象站

2. 工作原理

PC－5A型气象站采用电子罗盘与GPS卫星定位技术准确记录所在地的经度、纬度、海拔与南北线的方向，体积小巧，适合野外便携测量。

3. 系统特点

PC－5A型气象站采用先进的超声波技术测量风速风向，具有体积小、精度高、故障率低的特点。同时它更适合在恶劣的气候环境下使用，以及在特殊领域应用（如军用超生测风仪）。该气象站具有网络通信功能，任何地点均可通过 GPRS 移动网络与互联网对接，实现数据共享。

4. 系统功能

PC-5A 型气象站具有网络通信功能，其配有标准 RS232/485/USB 通信接口，支持标准 MODBUS 通信协议，可以采用有线、局域网、光纤、GPRS 无线移动网、无线数传电台等多种通信模式，还可与光伏气象站接收服务器组成气象监测系统。该系统具有以下功能：

（1）系统采用超声波测风传感器一体化设计技术，结构小巧牢固，携带便捷。系统内设有多路温控装置，可在严寒、暴雪等极端气候下运行，保证高精度测量。

（2）管理软件在 Windows 环境运行，实时显示各路数据，每 1s 更新 1 次，数据自动存储，与打印机相连自动打印存储数据，数据存储量达一年以上，数据存储格式为 Excel 标准格式，可供其他软件调用。

（3）数据采集器采用高性能微处理器为主控 CPU，大容量数据存储器，可连续存储数据 20000 条以上，工业控制标准设计，便携式防振结构，大屏幕汉字图形液晶显示屏，轻触薄膜按键，适合在恶劣工业环境使用；具有停电保护功能，当交流电停电后，由充电电池供电，可维持 24h 以上。

（4）系统具有多种供电方式，交直流两用，或配太阳能电池供电。

（5）可靠的三防设计，防护级别达到 IP65 级，具有完善的防雷击、抗干扰等保护措施。

（6）工作环境：温度范围为－50～＋80℃，湿度范围为 0～100%，抗风等级不大于 75m/s。

（7）采用不锈钢轻金属支架和野外防护箱，外形美观、耐腐蚀、抗干扰，可长期运行于室外环境。

5. 技术参数

便携式 PC-5A 型气象站技术指标见表 3.1-2。

表 3.1-2　便携式 PC-5A 型气象站技术指标

参数	测量范围	分辨率	精确度
风向	0°～360°	3°	±3°
风速	0～70m/s	0.1m/s	±(0.3+0.03V)m/s
温度	－50～＋80℃	0.1℃	±0.1℃
相对湿度	0～100%	0.1%	±2%（≤80%时） ±5%（>80%时）

续表

参数	测量范围	分辨率	精确度
环境压力	300～1100hPa	0.1hPa	±0.3hPa
太阳总辐射	0～2000W/m²	1W/m²	≤5%
GPS	1m～地球面积	1m	5m
卫星定位仪			

6. 气象站的观测与维护

PC-5A型气象站可采用独立的三脚架安装，或安装在多种运用场合（包括折叠支架以及可伸缩支架）。

便携式气象站观测便于观测人员在特定渠段观测时应用，仪器架设简单，传感器安装快速方便，数据测读自动化，软件设置按照需要设置，数据可直接利用GPRS通信直接上传至云平台或下载至计算机进行专业软件处理。

气象站的养护和检验同固定式自动气象站，在注意电池更换和运输过程安全等。便携式气象站传感器按规定进行保养和检验率定，当遇有强风时需要加强固定措施。

3.1.2.3 传感器介绍

1. PTS-3型环境温湿度传感器

PTS-3型环境温湿度传感器是专业测量空气温度和湿度的传感器，如图3.1-3所示。空气温度主要是采用精密铂电阻作为感应部件进行测量，感应部件位于杆头部。铂电阻元件的特性及精度级别决定了传感器的精度和稳定性，通过变送器接入自动气象站实施气温测量。

图3.1-3 PTS-3型环境温湿度传感器

湿度测量的感应部件是位于杆头部的高分子薄膜湿敏电容，根据湿敏电容感湿特性的电介质，其介电常数会随相对湿度的变化而变化的特性，从而得到精确的测量结果。湿敏电容一般是用高分子薄膜电容覆盖在基片上制成的。当环境湿度发生改变时，湿敏电容的介电常数发生变化，使其电容量也发生变化，其电容变化量与相对湿度成正比。PTS-3型环境温湿度传感器技术参数见表3.1-3。

表 3.1-3　　PTS-3 型环境温湿度传感器技术参数

序号	名　称		技术范围
1	供电电压		+5VDC
2	测量范围	温度	-50～+80℃
		湿度	0～100%RH
3	测量精度	温度	±0.1℃
		湿度	±2%RH
4	输出范围		数字信号（或模拟信号）

2. QA-1 型气压传感器

QA-1 型气压传感器是专业测量气压值的精确仪表，在设计上采用进口的传感器元件，设有防浪涌电压和极性反相保护，并设有抗烦扰功能来增加传感器的使用寿命及精准度，如图 3.1-4 所示。在安装方面采用壁挂式，外形美观、小巧，安装方便，节省空间。信号输出方式有电压输出和电流输出两种，接线方式有双接线和三接线两种供选择。气压传感器要求安放在专用气压机箱内，工作环境相对稳定，同时使用时要确保测压腔与外界大气通道畅通，传感器是通过静压管与外界大气相通的。

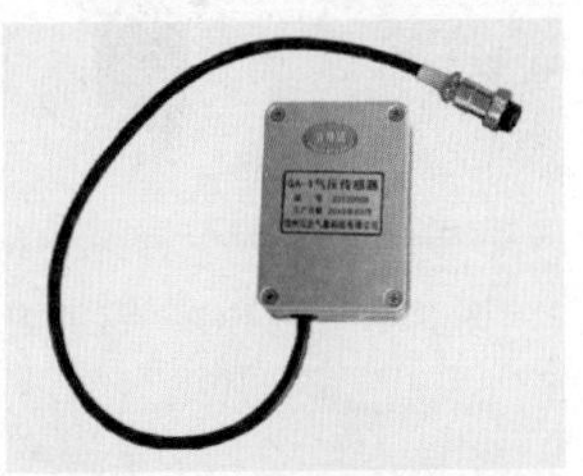

图 3.1-4　QA-1 型气压传感器

QA-1 型气压传感器采用压阻式气压传感器的原理，压阻式压力传感器一般通过引线接入惠斯通电桥中。平时敏感元件没有外加压力作用，电桥处于平衡状态（称为零位）；当传感器受压后敏感元件电阻发生变化，电桥失去平衡。若给电桥加一个恒定电流或者电压电源，电桥将输出与压力对应的电信号，这样传感器的电阻变化经过 A/D 转换由数据采集器接收，然后数据采集器以适当的形式把结果传送给计算机。QA-1 型气压传感器技术参数见表 3.1-4。

表 3.1-4　　QA-1 型气压传感器技术参数

序号	名　称	技术范围
1	供电电源	+5VDC
2	信号输出 （数字信号）	4～20mADC 0.5～2.5VDC
3	工作温度	-20～+85℃
4	准确度	±0.3hPa
5	测量范围	300～1100hPa
6	响应时间	≤30ms

3. EC-A1型超声风传感器

EC-A1型超声风传感器是一种较为先进的测量风速风向的仪器，如图3.1-5所示。由于它很好地克服了机械式风速风向仪固有的缺陷，因而能全天候地、长久地正常工作，越来越广泛地得到使用。它具有重量轻、没有任何移动部件、坚固耐用的特点，能同时输出风速和风向。可根据需要选择风速单位、输出频率及输出格式；也可根据需要选择加热装置（在冰冷环境下推荐使用）或模拟输出；可以与电脑、数据采集器或其他具有RS485或模拟输出相符合的采集设备相连；也可以多台组成1个网络进行使用。

图3.1-5 EC-A1型超声风传感器

EC-A1型超声风传感器的工作原理是利用超声波时差法来实现风速的测量。声音在空气中的传播速度会和风向上的气流速度叠加，若超声波的传播方向与风向相同，它的速度会加快；反之，速度会变慢。因此，在固定的检测条件下，超声波在空气中传播的速度可以和风速函数对应，通过计算即可得到精确的风速和风向。EC-A1型超声风传感器技术参数见表3.1-5。

表3.1-5 EC-A1型超声风传感器技术参数

序号	名称	风向	风速
1	测量原理	超声波	超声波
2	测量范围	0°～360°全方位，无盲区	0～70m/s
3	分辨率	3°	0.1m/s
4	精确度	±3°	±(0.3+0.03V)m/s

4. PTWD-2A地温传感器

PTWD-2A地温传感器采用不锈钢封装，防水性能良好，选用优质电缆连接使用，结构简单，易于安装、更换，如图3.1-6所示。同时根据使用范围和情况的不同设计出多种精度及测量范围的传感器。

PTWD-2A地温传感器采用精密铂电阻作为感应部件，感应部件位于杆头部。可用来精确测量土壤温度，传感器的精度和稳定性依赖于Pt-100型铂电阻元件的特性及精度级别，通过变送器接入自动气象站测量地表、浅层、深层地温。PTWD－2A 地温传感器技术参数见表 3.1－6。

表 3.1－6 PTWD－2A 地温传感器技术参数

序号	名称	技术范围
1	测量范围	－50～＋80℃
2	测量精度	±0.1℃
3	信号输出	电阻信号
4	外形结构	ϕ5mm×40mm 不锈钢外壳，全密封，防腐

5. TBQ－2 系列太阳总辐射表

TBQ－2 系列太阳总辐射表是根据热电效应原理，用来测量光谱范围 0.28～3.0μm 太阳总辐射（也可用来测量入射到斜面上的太阳总辐射）的感应元件，如图 3.1－7 所示。它有耐腐蚀能力强、精度高等特点。一般需安装在周围 20m 内无阳光遮挡的地方，与计算机及各种日射记录仪配套使用，能精确地测量出太阳总辐射能量，并及时记录太阳辐射瞬时值及累计值。同时，该产品可水平向下放置测量反射辐射，加散射遮光环测量散射辐射。

图 3.1－6 PTWD－2A 地温传感器

图 3.1－7 TBQ－2 系列太阳总辐射表

TBQ－2 系列太阳总辐射表的感应元件采用了绕线电镀式多接点热电堆，其表面涂有高吸收率的黑色涂层，感应元件的热接点在感应面上，而冷接点位于仪器的机体内，以便直接获取环境温度。为防止热接点单方向通过玻璃罩与环境进行热交换即影响测量精度，采用两层玻璃罩的结构。同时，为了避免太阳辐射对冷接点的影响，又加了一个白色防辐射盘用来反射阳光的热辐射。当有光照时，冷热接点产生温差即产生电动势，也就是将光信号转换为电信号输出，在线性误差范围内，输出信号与太阳辐射照度成正比。为了减小环境温度对辐射仪器输出的影响，在仪器内附加了温度补偿装置——热敏电阻，通过调整热敏电阻的温度系数来实现对辐射表输出电势的自动补偿。TBQ－2系列太阳总辐射表技术参数见表3.1－7。

表3.1－7　TBQ－2系列太阳总辐射表技术参数

序号	名　称	技术范围
1	灵敏度	7～14μVW/(W/m^2)
2	时间响应	≤30s
3	内阻	约350Ω
4	稳定性（一年内灵敏度变化率）	±2%
5	余弦（晴天太阳高度为10°时对理想值的偏差）	≤±5%
6	光谱范围	0.3～3.0μm
7	温度特性（－20～＋40℃）	±5%
8	质量	2.5kg
9	测量范围	0～2000W/m^2
10	信号输出	0～20mV
11	测量精度	＜5%

3.2 水力观测要素和设备

3.2.1 水力观测要素

水力观测指采用专业仪器对影响冰情演变的水力要素进行有规律的观测。水力观测要素包括水温、水深、流速、流量。水温是指水体的温度，单位为℃，水温主要受气温影响，是影响冰情发展的主要热力因素，是水力观测的重要内容。水深指的是水面到渠底的垂直距离，单位为m，固定测站的水深与水温观测同步进行。流速是指水体单位时间内的位移，单位为m/s，流速直接决定着渠道水体从上游携带热量的多少，影响渠道中冰凌的运动、堆积和阻塞，是影响冰情发生发展的主要动力参数。流量是指单位时间内流经渠道有效截面的流体量，单位为m^3/s，流量是影响冰情发生发展的又一个重要的动力因素，它对冰情的影响主要反映在流速的大小和水位涨落的物理作用力上，随着流量的增大，水体中储存的热量就会增多，因此在同样的温度条件下，流量越大，渠面结冰时间越晚。

水温、水深、流速、流量按观测断面测点（线）布置，观测方法和技术要求需满足水文观测和冰情研究的规定。水力观测频次为每日2：00、8：00、

14：00、20：00，共4次。为满足冰情研究的需要，在结冰期、融冰期和改变调度时，应适当增加观测频次，准确掌握水位-流量关系曲线。

水力观测四要素对冰的封冻、解冻以及渠道输冰能力有着直接的影响。如水温相同时，流量越大，水体热量越大；在水位稳定的条件下，流量大则流速大，渠水搬运冰块的能力也越大。水温、水深、流速和流量这些水力参数主要受调度工况、运行方式、渠道布置的影响，是影响冰情发展的主要因素，因此水力观测是冰情原型观测的重要组成部分。

3.2.2 水力观测设备

水力观测设备主要包括美国YSI公司生产的CASTAWAY®-CTD温深仪和FlowTracker2流速仪（Sontek）。

3.2.2.1 CASTAWAY®-CTD温深仪

水温是影响冰情发生发展的重要热力因素，是水力观测的重要内容。水温由美国原装进口设备CASTAWAY®-CTD温深仪进行观测，该设备的工作范围为－5～45℃，观测精度为±0.05℃，分辨率为0.01℃。具有携带方便、观测简单的优点，观测结束后能自动记录传输一条测线上的水温，即观测结果自动生成为“温度-深度”过程线。

1. 系统构成

CASTAWAY®-CTD温深仪由CTD主机、测绳、磁性手写笔、保护套、锁扣、电池（碱性）、USB蓝牙适配器、带软件USB驱动盘、维护件、刷子、密封圈、快速启动指南、仪器说明书等构成，如图3.2-1所示。

图3.2-1 CASTAWAY®-CTD温深仪

2. CTD使用方法

（1）测线测点布置。固定观测站水温观测以渠道观测断面为主，测线布置情况如图3.2-2所示，漕河渡槽观测站的水温测线布置如图3.2-3所示。当冰情发展较快时，需进行全断面水温加密观测，在观测断面位置，采用冰钻在冰面钻孔布设测线，垂线间隔不大于0.1L（L为水面宽度），观测全断面水温分布；在冰盖融化期对重要渠段进行加密测量，测次按实际情况决定。

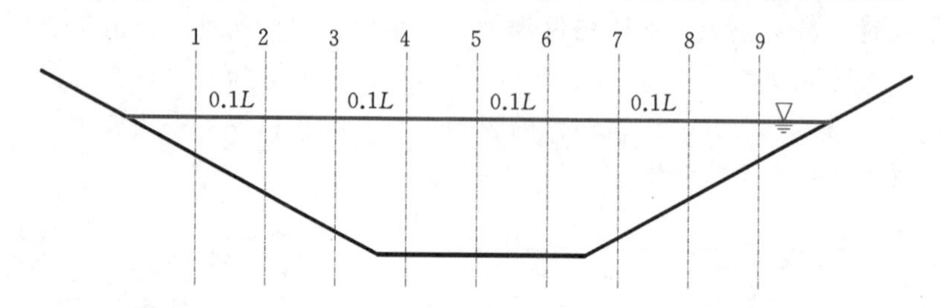

图3.2-2 渠道水温观测断面测线布置示意图（L为水面宽度）

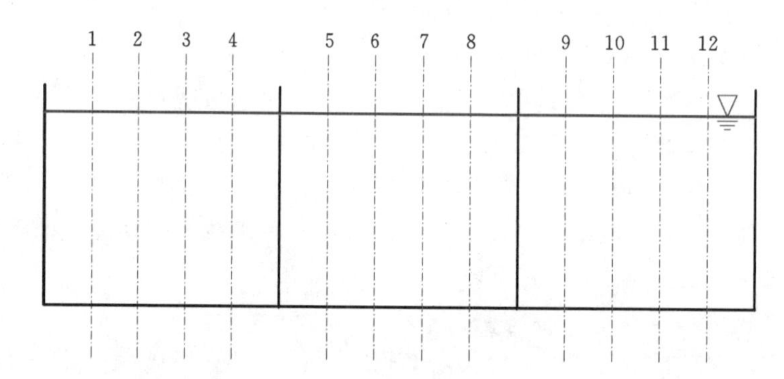

图3.2-3 渡槽水温观测断面测线布置示意图

在实际观测过程中视冰情发展情况增、减测线数量，观测频次为每天2：00、8：00、14：00和20：00全断面各测线观测1次，每次水温观测结束后随即整理数据，上传至云平台，经管理人员审核后展示，供工程技术人员、资料分析人员应用。

（2）仪器测量。主要分以下几个步骤进行。

1）测量准备。CASTAWAY®-CTD温深仪自带直径3mm、长15m的测绳，在实施测量时，应确保测量深度小于测绳长度。将测绳与挂钩绑定并挂于仪器套上，测绳另一端握在测量人员手中，水温观测前需确保测绳不出现打结状况。

测量时要注意测绳与水下岩石、桥梁、树枝等缠绕，防止淤泥堵塞仪器测试通道，测量完成后不要在渠底拖拽仪器，当测量渠段流速较大时，可在仪器底部增加超过2.5kg的重物。

2）开始测量。进入home界面，开始测量。

a. 按左下角键选择要执行的功能，按右下角键执行该功能的操作。

b. 开始 GPS 信号查找。当仪器获取 GPS 位置信息时，仪器屏幕 GPS 标志会显示状态信息和捕获的卫星数量，捕获卫星数量大于 10，可满足定位要求。通常仪器装上电池后，第一次进行卫星捕捉的时间将持续 3～10min。选择开阔的野外空间，避免树木、桥梁和建筑物的影响，可缩短获取 GPS 信号的时间；如不能接收到 GPS 信号，可以人工添加测量位置信息。

c. GPS 定位后，按右下键开始测量，按任意键停止测量，并返回 home 界面。

d. 测量开始，当显示"recording data"界面 LED 灯为绿色时，表示系统开始采集数据；如需节省电量，可在软件中设置测量时 LED 屏幕为关闭状态。

e. 一般应保持仪器在水面下放置 10s 以上，以确保传感器适应水体温度并能够稳定工作；让仪器自由下沉至渠底，再以不大于 1m/s 的速度匀速拉出；仪器拉出后按任意键结束数据采集，并记录最终 GPS 信息。

3）数据显示。每次测量结束后，屏幕会显示摘要信息，以确保测量数据的准确性。如测量水深小于 5cm 将显示无效信息，水深小于 50cm 显示警告信息，用以提醒观测人员注意测量质量；当屏幕显示"X"时，表示应采用点测量模式进行测量。

（3）CASTAWAY®-CTD 温深仪软件。CTD 软件功能全面、易于使用，可利用该软件进行浏览和管理数据。

1）系统需求。软件运行要求 Windows 系统，可以加载高精度地图。

2）软件安装。安装程序在 USB 驱动盘中。插入 U 盘，运行 setup. exe，进行程序安装。

3）连接和配置 CTD。首先保证仪器蓝牙处于正常连接状态，在软件中输入仪器序列号，打开仪器后可自动与计算机相连接，最后按照要求进行配置。

a. 确认蓝牙驱动正确安装。具体操作如下：①启动软件，同时打开仪器设备，靠近计算机（保持计算机和仪器距离小于 10m，当距离为 1～2m 时效果较好）；②软件将需要几分钟时间自动连接仪器；③首次打开软件的界面是一幅世界地图，右边显示空白的成果图；④点击设备菜单，添加设备序列号（1 台计算机可以控制多台仪器，1 台仪器可以连接多台计算机）；⑤连接成功后，软件将自动下载新的测试数据文件，如不需要可关闭自动下载功能。

b. 检查仪器设备状态。点击设备菜单，屏幕显示设备和软件连接情况及设备状态，可更改仪器设置（如语言、单位、成果图、电池类型和水下关闭屏幕等）。

c. 关闭通信连接。根据需要可以点击屏幕中相关设置关闭连接。

4）软件设置。可根据需求对软件语言、图形、地图、地理图像单位等进行设定。

5）软件应用。具体软件操作如下：

a. CTD 可自动记录 1 条测线上不同深度的水温，即观测结果自动生成为“温度-深度”曲线，连接计算机软件，获得成果图，如图 3.2-4 所示。

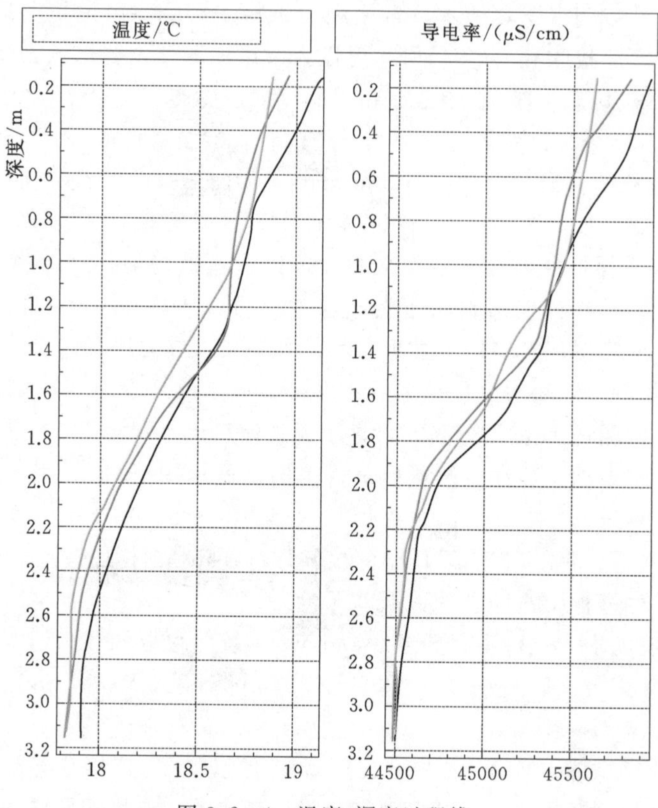

图 3.2-4 温度-深度过程线

b. 利用软件浏览地图。

c. 可以选择地图模式或文件模式在 1 台或多台仪器上显示数据。

d. 通过创建项目或限定条件来管理数据。

e. 可以在软件中修改测量成果图的图形参数，如图形数量、日期类型、坐标变换、图形外表等。

6）软件功能维护。主要包括以下几个方面：

a. 数据储存和备份。所有数据存储均是定制的数据文件，可以创建备份文件，备份存储为 *.Zip 文件格式。

b. 删除文件。文件可以被删除，删除的文件可以通过撤销操作进行恢复。点击清除删除文件后，将彻底删除文件，但已进行备份的文件可被恢复。

c. 修理设备。CTD 操作系统是稳定的，能够自动处理一些异常问题。当某些特殊情况出现时，如软件更新失败，系统会显示仪器不能正常工作（屏幕无显示、LED灯闪烁红色、系统按键不能工作等）。多数情况下仪器能够自动恢复，断开连接打开仪器5min，重启仪器后恢复正常运行。如仍不能正常工作，应取出电池，放置仪器30min后安装新电池，强制重启后仪器将恢复正常工作。若进行上述操作仪器依旧没有反应，需联系售后服务。

若无法联系到售后，请拆除电池，放置仪器至少30 min，安装新电池；如果LED灯闪烁红色，需开启仪器低水平启动状态，然后打开软件，开启蓝牙，点击菜单左上角“维修”图标，选择修理仪器，然后按屏幕显示要求进行操作。

(4) CTD系统测量质量的控制包括以下几个方面：

1）测量质量控制。

a. 为保证仪器测量质量，CTD系统自带一套诊断测量系统的检查程序，当程序出现以下情况时会发出警报：①超过规定测量深度；②仪器对比内部与外部温度后发现出现极端温度。

b. 使用仪器前需检查，检查项目包括：①仪器显示时间是否正常；②测量的温度与气温是否相同（因为若传感器受潮，仪器所测试的温度与气温可能存在差异）；③检查压力是否正常（主要取决于当地大气压力，一般在1个标准大气压[1]左右）；④通过对比不同水体的测试值，检查仪器的测值变化；⑤测试前检查仪器空腔是否清洁畅通。

c. 用软件查看异常数据，保证测量数据质量。检查内容包括：①检查测试曲线中的异常值；②比较下沉和拉起这两个测回测量数据之间的区别，比较二者测值的差异，分析异常值；③比较同一地点测量的多个数据的差异，如测值接近表明观测结果可靠，如测值相差较大，请检查是否受到水流、风、波浪等因素的干扰；④检查测量温度与导电率的关系。

2）CTD的维护与维修。

a. 保证每年校订1次仪器的测试精度。

b. 由于仪器底部的传感器对油污较为敏感，仪器使用后需取下保护套，用清水冲洗仪器并晾干；如发现仪器腔室内有油污，需用温水和中性洗涤剂冲洗，或用刷子清洗干净。

c. 如仪器超过一周未使用，需将电池取出。

d. 如软件和仪器不能连接，需要检查蓝牙是否正常，检查项目如下：①检查计算机是否安装蓝牙USB及驱动程序；②检查仪器是否打开，以及仪器与计算机的距离是否过大（一般不超过10m）；③检查计算机和仪器的蓝牙

[1] 标准大气压（atm）为废除计量单位，1atm＝101325Pa，全书下同。

是否正常运行；④若上述检查项目均正常，软件和设备仍不能正常连接，可尝试换另一台计算机或者更换蓝牙驱动。

e. 仪器在寒冷气候下运行，电池效率会降低，并且耗电量较大，应注意电量变化，及时更换电池；LCD 工作的极端温度是－20℃，应尽量减少仪器的暴露时间；尽量保证仪器在正常温度下工作；若仪器在寒冷气候下运行，应减少浏览数据的次数。

f. 如出现仪器不能被唤醒或对操作命令没有反应的情况，尝试以下操作：打开仪器放置 5min 以上→确认电池正确安装→卸下电池，保持 30min 以上，保证仪器电子器件彻底放电后重新启动。

3.2.2.2 FlowTracker2 流速仪

流速、流量是影响冰情发生发展的主要动力参数。流速、流量观测采用 FlowTracker2 流速仪，该设备的工作范围为 0.001～4m/s，分辨率为 0.0001m/s。该设备是日常流量检测、环境监测和水文应用的良好测量工具，可测到实验室精度的实时流速，系统基于国际上常用的流量测量方法（ISO 和 USGS 标准）和计算程序，在观测到所需的流速数据后，即可自动计算出过流断面的流量。

FlowTracker2 内置 SmartQC 智能质量控制监测功能，每测量一个数据即可判定该数据的可靠度和准确度，超过设定的限值会给予警告和提示。该设备能够抵御恶劣气候，背光显示功能便于在昏暗的环境中读取数据。系统使用非散失性内存，当电池能量耗尽时，不会遗失或破坏数据。

1. 系统组成

FlowTracker2 主要由探头、手部、电池仓、1.5m 电缆线、发射探头、接收探头和温度传感器组成，外观如图 3.2－5 所示。其中，手部

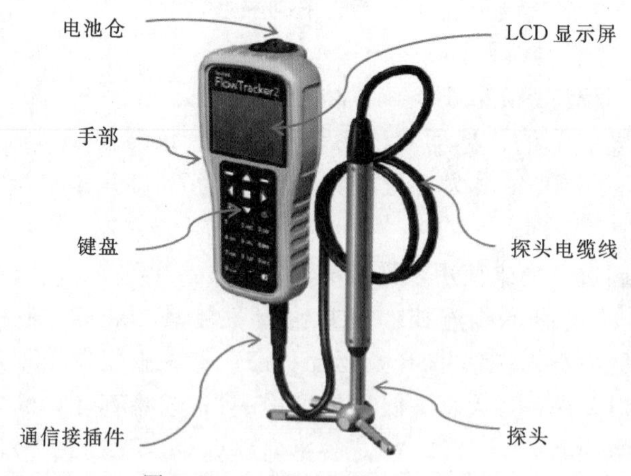

图 3.2－5 FlowTracker2 流速仪

包括电子处理部件、电池、键盘和LCD液晶显示屏等部件，通过防水的弹性接插件与探头电缆线相连；电池仓由防水的电池盖和电池夹两部分组成。

FlowTracker2探头内含有声学器件和温度传感器，其中声速用来将多普勒频移（接收端频率的改变）转换成流速，温度数据则用于补偿声速变化引起的误差。手部可短时间浸没在水中，但不能长时间进行水下操作。键盘可用于操作软件、进行设置和数据输入等操作。LCD显示屏可显示FlowTracker2的手部软件和实时的图形化原始数据。标配的电缆线长1.5m，可视需要延长，整条电缆线的长度上限是10m。超声波发射探头产生短脉冲声波，其大部分能量集中在一个直径为6mm的窄小波束中。超声波接收探头安装在中央发射探头的两旁固定臂顶端，可接收聚焦在位于发射探头10cm固定距离处的声波信号，FlowTracker2可以有2个或3个接收探头，用于二维或三维的流速测量。

FlowTracker2的通信接口是防水等级为IP67的微型USB接口，位于手部的底部，可接入外置的通信电缆线。

2. 工作原理

FlowTracker2采用了高精度ADV技术。以声学多普勒原理为基础的ADV传感器，特别为低流速和需要涉水测量的浅水环境下的测量提供了较高的精度。FlowTracker2手持式ADV采用测量点流速的模式，能够精确测量与探头保持一定距离处采样体积的流速，操作简单，响应时间快速，且其水平层面上的二维数据得到了最全面的质量控制。

3. 使用方法

测量是FlowTracker2手部软件中最主要的功能，两种测量模式分别是流量测量模式和流速测量模式。流量测量模式适用于测量河道或渠道的流量，这种模式的测量方法就是在断面不同位置布设垂线，测量垂线上若干点的流速，观测流速结合测点的距离和水深计算断面的流量。流速测量模式则是用于测量不同位置处的流速，该模式不提供流量数据。具体使用方法如下。

（1）测线测点布置。固定断面流速、流量观测按照《河流流量测验规范》（GB 50179—2015）和《声学多普勒流量测验规范》（SL 337—2008）等标准进行。测线的垂线数量按照规范要求，垂线间距与总水面宽度比例为10%，垂线上流速测点位置分布见表3.2-1。

在实际测量中采用三点法，浅水区采用一点法或二点法，冰期采用表中冰期观测规定数值，渠道观测断面流速测点布置情况如图3.2-6所示，渡槽观测断面流速测点布置如图3.2-7所示。

表 3.2-1　　垂线上流速测点位置分布

测点数	相对水深位置	
	畅流期	冰期
1点	0.0、0.2、0.5或0.6	0.5
2点	0.2、0.8	0.2、0.8
3点	0.2、0.6、0.8	0.15、0.5、0.85

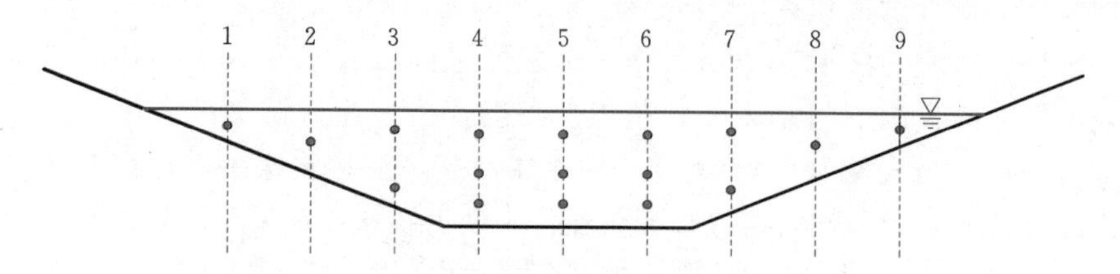

图 3.2-6　渠道观测断面流速测点布置图

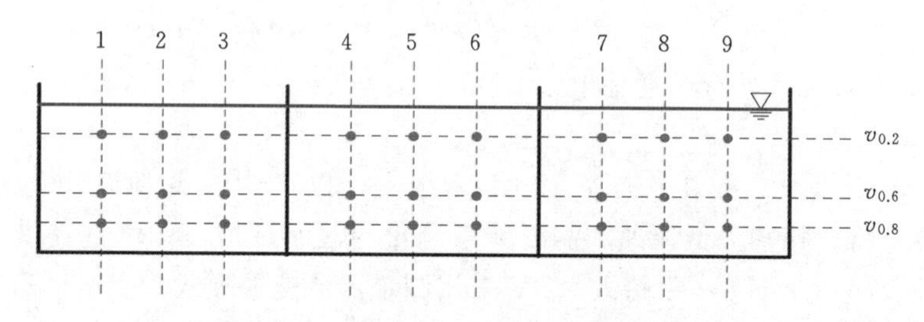

图 3.2-7　渡槽观测断面流速测点布置图

FlowTracker2 流速仪观测每条测线的流速，用三点法计算各测线的流速。计算公式如下：

$$v_{测线}=(v_{0.2h}+2v_{0.6h}+v_{0.8h})/4 \tag{3.2-1}$$

式中：$v_{测线}$ 为每条测线的流速，m/s；$v_{0.2h}$ 为 0.2 倍的水深处流速，m/s；$v_{0.6h}$ 为 0.6 倍的水深处流速，m/s；$v_{0.8h}$ 为 0.8 倍的水深处流速，m/s；h 为水深，m。

FlowTracker2 操作简便，测值稳定，现场校验和报警功能较为严格。流速测试检验和流量计算按仪器说明进行，测量初期进行仪器校验和对比测试验，以确定合理的垂线布置方案。

(2) 测量步骤。采用 FlowTracker2 仪器测量流量的步骤是基于涉水测量的原理，适合低等和中等流速的测量。具体操作如下：①设置参数；②在主菜单选择“开始”后，数据运行；③指定文件名和后缀名；④输入站点名称和测量者姓名；⑤进行 QC 测试；⑥输入垂线信息，设置位置、水深等参数，按“测量”键开始测量；⑦显示垂线测量结果，待确认；⑧当一个测量结果被接受后，会自动弹出新的垂线信息栏；⑨重复以上⑥、⑦、⑧步骤进行下一条垂线的测量；⑩当所有测线完成后，结束测量，关闭文件并查看数据。

（3）FlowTracker2 数据处理软件。采用 FlowTracker2 进行断面流速观测时，与其配套的数据处理软件 Handheld 可直接将观测数据处理成丰富的图形，简化数据处理工作流程。Handheld 数据处理成果如图 3.2-8 所示。

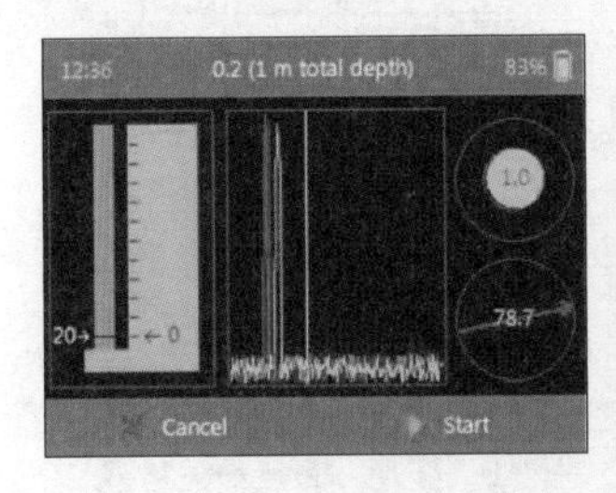

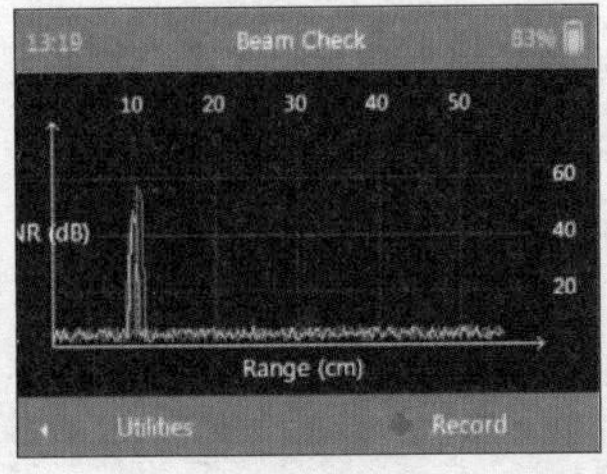

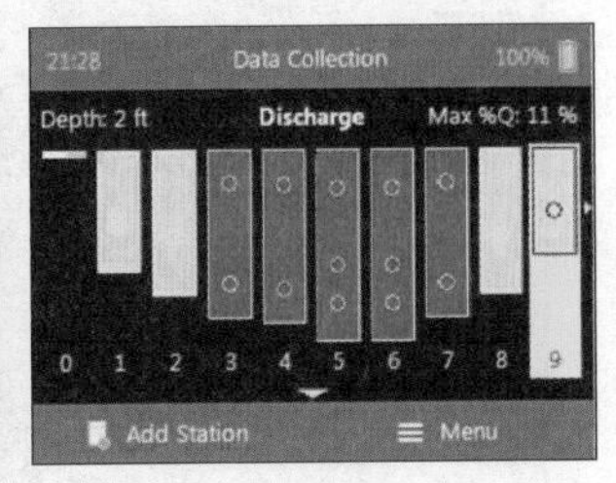

图 3.2-8　Handheld 数据处理成果

FlowTracker2 观测成果文件可与 PC 端连接，将测量成果可视化，形成综合分析的数据表和时间序列曲线，并且支持成果进行再分析。FlowTracker2 手持式 ADV 仪器附带的 U 盘内包含计算机软件的安装文件，运行 Windows 安装程序包（.msi）文件，根据安装软件的计算机类型选择 32 位或 64 位。在安装过程中，系统将提示安装一个驱动程序。此驱动程序必须安装，它用于与 FlowTracker2 手持式 ADV 的通信。FlowTracker2 成果与 PC 端连接如图 3.2-9 所示。

（4）FlowTracker2 安装与维护。主要包括以下几个方面：

1）软件升级。FlowTracker2 手部和 ADV 均各自拥有特别开发和提供的软件和固件。使用者可定期接收到有关的更新软件，更新后仪器性能有所改进，或增加新功能。定期更新的 FlowTracker2 安装文件包括计算机端软件、手部软件和 ADV 固件文件。上述安装文件可直接从官网获取，也可从开发者技术支持部门处获取。

2）安装和装配。通常 FlowTracker2 安装在顶置测杆上，探头和手部也都可以安装在测杆上，也可根据实际情况自行装配。

3）日常维护。具体维护事项如下：

a. 电池应该定期检查，不使用过期的或者失效的电池。在完成一次测量工作后，观察电池指示器，验证电池电压，记录电池使用有效期。

b. 污垢会损坏一些部件，建议测量后用抹布或软刷擦刷清洁 LCD 液晶显示屏、USB 插口、探头电缆线的连接头以及键盘。

如果手部被水浸没或者被污染则需要清洗，清洗时应注意以下事项：①当仪器手部在水下或者完全浸湿时，不要取下探头电缆线或者电池盖；②用干布

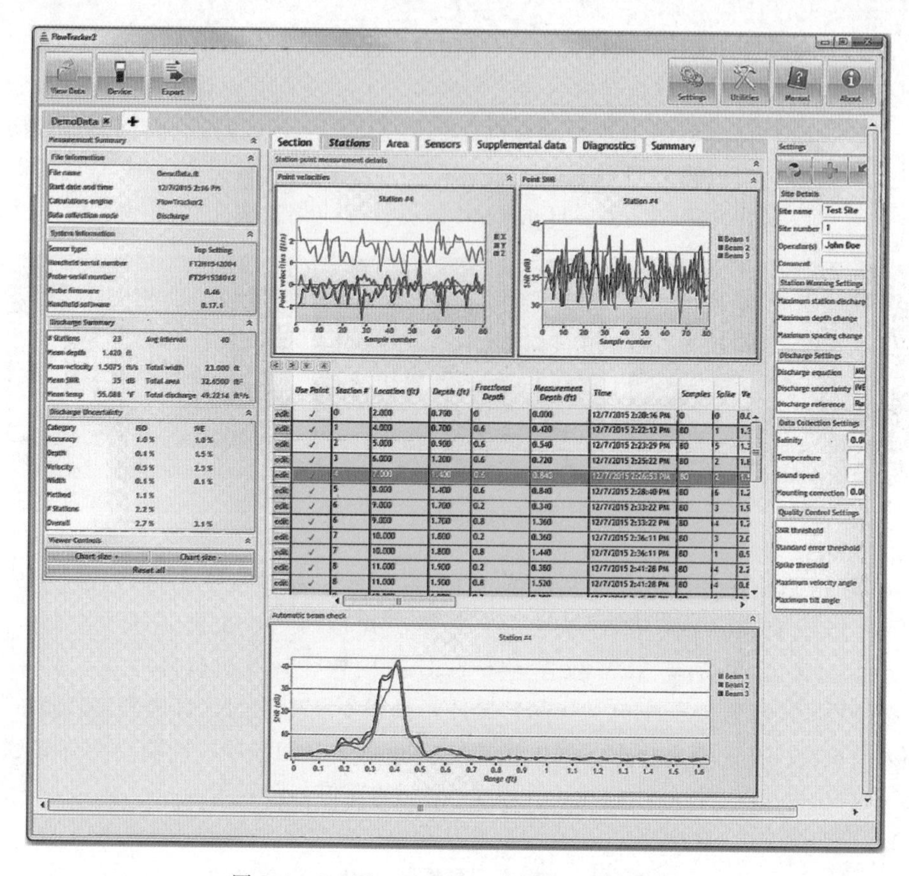

图 3.2-9　FlowTracker2 成果与 PC 端连接

擦干手部外面多余的水分；③拆下手部黄色保护套，并用干布擦干手部和保护套；④拔掉探头电缆线，检查电缆线连接的插头是否干燥；⑤打开电池盖，取出电池夹，检查电池盖内和电池夹是否干燥；⑥从电池夹中取出电池，检查是否干燥；⑦将仪器手部、电池夹、电池、黄色保护套等放在干燥的地方晾干，禁止放在太阳直晒的地方；⑧定期清洁 FlowTracker2 探头，使用干净布块或者硬刷（禁止用金属刷）去除附在探头上的杂物。

c. FlowTracker2 探头电缆线是仪器系统中最脆弱的部分，应该采取合理的保护措施，定期检查电缆线和连接头，禁止随意改接或修换电缆线。

d. 若手部外壳内有冷凝水、潮气，可能损害 FlowTracker2 内部的电子部件，此时不要随意打开手部的外壳。

e. 需在盐水下使用 FlowTracker2 时，应在探头上安装 1 个锌块阳极，附着在探头支杆的金属部分上，防止仪器探头受到盐水腐蚀；定期检查阳极的腐蚀情况，如果阳极大部分被腐蚀，则应及时更换；每次使用或测量后，用淡水彻底清洗探头和电缆线。

4）排除故障。具体情况如下：

a. 当 FlowTracker2 不能打开电源时，可能是供电系统存在问题。需检查或更换现有电池，保证所有电池的安装方向正确以及电池盖安装正确。

b. 当 FlowTracker2 计算机软件与仪器手部未能建立通信连接时，通过以下几种方法查找原因：①检查 FlowTracker2 手部电源；②选择主菜单中“通信功能”选项；③如果是采用 USB 的连接方法，可检查电缆线和连接头是否连接可靠，检查 FlowTracker2 手部端和计算机端的电缆线接口是否连接可靠，检查计算机的 USB 口是否正常通信，或者更换 USB 接口，如果仍然不能建立通信，需更换 USB 电缆线或者计算机；④如果是采用蓝牙连接，可检查计算机的蓝牙功能是否开启和激活，确保在连接对话框中输入正确的仪器序列号，确保 FlowTracker2 与计算机之间的距离在 10m 有效范围内，尝试与其他蓝牙设备连接，检查计算机的蓝牙功能是否正常，如果仍然不能建立通信，需更换计算机。

c. 当出现不能从内存中调出数据的故障时，通过 FlowTracker2 手部显示屏检查数据文件是否存在于存储器中，若数据文件存在，检查是否数据尚未下载完成。

d. 当发现 FlowTracker2 的流速数据不合理时，排查以下原因：①水中缺乏足够的散射物质；②检查运行波束；③检查探头周围是否存在垃圾，影响测量；④检查 FlowTracker2 的安装是否稳固；⑤考虑是否受到环境影响；⑥检查探头与水流方向，确保在采样体积范围内探头不会对水流造成干扰。

3.3 冰情观测项目和方法

每年冬季进入冰期后，南水北调中线工程干线沿线会出现不同程度的结冰现象，冰情过程分为结冰期、封冻期和融冰期，主要冰情有岸冰、流冰花和冰花团、表面流冰层、冰盖和冰盖融化流冰、剩余岸冰等。

通过连续 3 个冬季的冰情观测发现，冰情演变规律整体表现为由北向南推移。每年冬季在持续降温过程中气温转负，渠岸出现岸冰，预示着进入结冰期；随着负气温的积累，水温也随之降低，渠道岸冰发展变宽、变厚，渠道出现流冰花、流冰团、表面流冰层等冰情。当负气温积累到一定程度，并伴随着降温过程，渠道出现封冻现象，进入封冻期。在气温转正后，冰情开始消融，预示着进入融冰期，各渠池开始开河。

冰凌演变过程示意图如图 3.3-1 所示。冰凌的产生主要受热力因素、动力因素等的影响，而造成整个冰期冰情生消演变同步变化的主要影响因素是气温，气温的变化、负气温的积累等影响着水温变化，进而造就了“冰凌三期”（结冰期、封冻期、融冰期）的转化，这也是开展冰情观测和成果分析的重点。

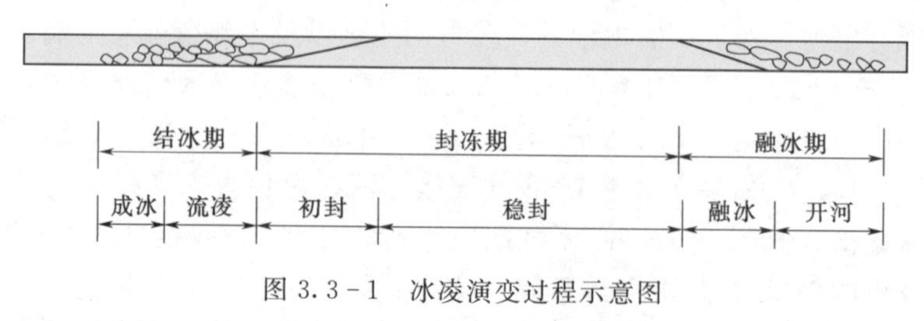

图3.3-1 冰凌演变过程示意图

3.3.1 冰情演变过程

1. 结冰期

南水北调中线工程干线渠水自南向北流动，随着气温的降低，一般在北方渠段先出现结冰现象，并且在渠水中有流凌随水运移。冬季日平均气温转负后，最早出现岸冰，进入结冰期，随着气温降低，渠道出现表面流冰层，结冰期冰情包括岸冰、流冰花、表面流冰层和冰盖的形成。根据不同冰情将流冰期分为成冰期和流冰期，其中成冰期以岸冰为主，流冰期以流冰花和表面流冰层为主。

（1）成冰阶段。水体运动过程中存在强烈的扰动，水分子间热交换作用强烈，在渠道结冰时，渠道水体温度大致趋于相同，这时候只要水体中存在结晶核，就会产生结冰现象。渠道水体结冰期冰的形态主要有：粒状冰、絮状冰、团状冰和块状冰。当水体中的成冰条件满足时，河面上开始形成冰晶，一部分结晶形成冰体如岸冰等，另外一部分形成冰花。

一般岸边水体受负气温影响温度下降快，最早结冰，岸冰是冬季最早出现的冰情现象，岸冰出现预示着冰情开始，渠道进入冰期输水模式。岸冰一般出现在每天22：00以后，8：00达到最宽和最厚，中午随着气温的升高和太阳辐射增强，岸冰开始融化。结冰期初期，早上在渠道岸边缘形成条状初生岸冰，岸冰外缘呈锯齿状，冰片具有条状或片状纹理，早期岸冰宽度小于10cm，较脆，容易碎裂。中午随着气温升高而出现脱落，随水流向下游运动。此时随着气温的降低，寒冷程度加剧，岸冰宽度和厚度加大。

流速对岸冰的发展有着一定的影响，一般闸前流速低，初生岸冰出现时间相对较早，岸冰形成比较规则，一般呈带状，沿渠道水面形成，流速低，岸冰容易同水面的流冰花冻结在一起，这种岸冰宽，厚度薄；节制闸后，流速较大，同时水位波动较大，在日平均气温降低到一定程度才生成岸冰，一般岸冰宽度受到波浪限制，岸冰伸出水面边缘距离较窄，厚实，有较强的受力能力。

（2）流冰阶段。一般来说，当渠内冰情形成后不易融化，且能被人观测到后，便进入流冰阶段，该阶段起点为开始出现流冰段，终点为渠道封冻断面，期间的历时为流冰期。流冰期的长短取决于气温及流量两个主要因素，其中气温的变化是该阶段的主导因素，持续负气温会造成渠道流冰冻结，致使流冰期提前结束；而较高的气温会直接导致流冰期大为延长。同时，流量、流速的大小也可以适当地缩短或延长流冰期。

流冰花受气温、水温和流速影响，一般日平均气温低于－4.0℃，水温低于1.0℃，流速小于0.3m/s，渠道出现流冰花。流冰花出现一般比岸冰晚，在傍晚后由于气温下降，水面和空气中的固体颗粒首先冻结成冰核，落在水面上，冰核和表面水体受到冷作用，发展成冰晶，由冰晶之间相互冻结，在水面上形成零散的冰花，厚度小于0.5mm，不能承受应力。在空间上，上游冰花呈零星或呈团状，冰花密度稀疏，往下游运动的过程中遇到弯道、桥墩束窄断面等部位，稀疏冰花团形成表面流冰层。在时间上，随着气温、水温的降低，流冰量逐渐增多，当遇寒冷降温过程便形成流冰层。

表面流冰层是流冰花发展的结果，表面流冰层在渠道中容易卡堵，停止运动，表面流冰层内部通过穿插、叠加、挤压，促使冰层加厚，达到受力平衡，冰盖前沿向上游平铺上延，是冰盖形成的主要方式。流冰层出现的时间和流冰花出现的时间基本一致，一般在日平均气温低于－4.0℃，水温低于1.0℃时渠道出现流冰层，沿渠道下行呈地毯分布，相互冻结。

流冰密度是一项重要的渠道冰情研究指标，能直接具体反映出河段中的流冰情况，流冰密度等于观测渠段内流动冰体所占的水面面积和该渠段同水位条件下畅流水面面积的比值。对流冰密度的掌握能使决策者对冰情做出较为客观的判断，气温是流冰密度的主要影响因素，气温快速下降时，流冰密度大幅增加，当流冰密度小于30％时，称为“稀疏流冰”；当流冰密度介于30％～70％时，称为“中度流冰”；当流冰密度大于70％时，称为“全面流冰”。

2. 封冻期

当渠道中的流冰密度继续增加，且渠水流速降低到一定程度时，渠面就会出现封冻。一般来讲，当流冰密度大于70％，且流速小于一定速度时，随着气温的降低，渠面会出现封冻。一般定义封冻开始期为渠段上某处出现能够连接渠道两岸稳定冰层，且该段冰盖覆盖的面积大于该段面积的80％时，渠道便进入封冻期。封冻一般先出现在某几个断面上，然后持续发展，逐渐形成全面封冻，封冻历时是指某段河段首封日期至全河段解冻开通日之间的时间间隔。

（1）冰盖的形成过程。冰盖由下游平铺上溯到上游，由北向南，实现封冻，为平封过程。在平铺上溯过程中，表面流冰层首先在拦冰索、桥墩束窄断面、弯道等控制节点卡塞，停止运动，形成冰桥，紧接着上游的流冰在冰盖前沿出现积压、下潜、重叠、冻结，同时与岸冰冻结成一体，平铺上溯，形成冰盖。

（2）冰厚时空演变规律。时间上，整个冰期冰盖厚度经历增长、稳定和消融过程。封冻初期受气温影响，随着负积温的增大，冰盖增厚，变化幅度相对大。稳封期后冰盖厚度达到一种动态平衡，冰厚有增无减。空间上，各渠段冰盖厚度和分布规律相似，同一观测断面岸边冰厚比中间部位厚，同时冰厚分布还受到弯道影响。

3. 融冰期

在气温回升的作用下，冰层开始逐渐融化、瓦解、破裂并随水流向下游运移。从融冰开始到渠段内冰凌全部消失、水面完全贯通，这一时期称之为“融冰期”。融冰期分为融冰和开河两个阶段。

（1）冰盖融化方式。渠道开河主要为文开河形式，冰盖文开河的过程在时间上可以分为两种：一种是递推式开河，出现在气温转正以前，主要由于上游气温引起的开河，由南向北开河，具有系统的串行结构；另一种为同步梯形开河，气温转正后，各渠段同时开河，每个渠段独立开河，具有一定的同步性，主要是受大尺度气象条件决定的，例如，气温和太阳辐射的影响。就同一渠段而言，气象条件相同，冰盖融化受自南向北水流流向、水温和冰盖厚度的影响，由上游开始融冰，一直后退，直到下游。

（2）冰盖破坏。在冰盖融化过程中，冰盖破坏方式有两种：一种为水流淘蚀型破坏方式，另外一种为平板式热侵蚀破坏方式。水流淘蚀型破坏是当水流流速较大时，冰盖下表面被水流和其携带的水温淘蚀成沙波状的凹凸不平的表面，不平的下表面使得流场复杂，水温的掺混强度大，逐渐形成小的敞露冰洞，冰洞慢慢扩大，等到冰洞连接到一定程度时，形成局部开河。平板式热侵蚀破坏是在冰盖上表面受太阳辐射和气温的影响形成冰上水，冰上水受热温度升高，通过空隙流入冰盖内部，使得冰盖结构出现破坏。南水北调中线工程干线冰盖破坏方式为平板式热侵蚀破坏，当太阳辐射增强，气温回升，冰盖便开始消融。

3.3.2 冰情观测项目

冰情观测在固定测站同气象观测和水力观测同时开展，观测断面设置与水力观测断面设置一致。冰情观测内容包括基本冰情和专项冰情，基本冰情包括岸冰、冰花、冰盖封冻、冰盖厚度、开河融冰、开河方式等；专项冰情包括水内冰、流冰、冰盖糙率和冰塞冰坝等。常规观测站冰情观测项目见表 3.3－1。

表 3.3-1　　常规观测站冰情观测项目表

观测项目	观测参数	观测仪器	观测频次	布置
岸冰	宽度、厚度	钢尺、量冰尺	2～4 次/d	常规断面
水内冰	重量、形状、尺寸	半球形冰网	2～3 次/d	常规断面
流冰	疏密度、速度、厚度	卷尺、计时器、冰花采样器、量冰花尺、橡皮艇、摄像机	2～4 次/d	常规断面
冰盖	封冻及融化的日期、方式，封冻长度，冰盖厚度	卷尺、量冰尺、电动冰钻、摄像机、照相机	封冻期 1 次/d 融冰期 2 次/d	常规断面
静冰压力	力	传感器	封冻期 1 次/3d	渡槽
冰塞、冰坝	位置、尺寸、流冰量、冰厚、水位、流量	相机、录像机、卷尺	结冰期冰塞 1 次/d； 融冰期冰坝 1 次/d	重要建筑物、渠段附近

1. 岸冰

岸冰是最早出现的冰情现象，一般日平均气温转负后在总干渠北段先出现岸冰。岸冰发生初期，岸冰由于水温较高，宽度和厚度较小，形成于夜间并于早上达到最宽，随后开始融化、脱落。12 月下旬随着气温的降低，岸冰在总干渠北段持续存在，岸冰逐日增宽、增厚。2 月中旬后气温升高，岸冰逐渐变薄、变窄，到 2 月下旬岸冰消失，渠池进入无冰状态，冬季冰期运行结束。

2. 水内冰

水内冰是渠道冰情观测的重要项目，观测目的是确定渠道是否有水内冰存在，渠道水内冰的形成条件、产生方式和生成量，以及水内冰对冰盖形成的影响等。水内冰是渠道封冻及形成冰塞的主要条件之一，要重点关注和观测渠系建筑物束窄部位（桥墩）、拦冰索、弯道和闸门进水口附近是否产生水内冰，以防水内冰堵塞，影响渠道正常输水。

3. 流冰

流冰是结冰期最重要的冰情现象，流冰形成条件、方式和运动规律跟渠道形成冰盖封冻具有直接关系。一般先形成冰晶，冰晶很难用肉眼观测到，冰晶继续增长形成冰花，大量冰花冻结形成冰花团，冰花团在运动过程中形成表面流冰层，表面流冰层在桥梁等渠系建筑物束窄部位（桥墩）、拦冰索和弯道附近卡堵，形成冰桥，然后形成冰盖。

4. 冰盖

冰盖是封冻期和融冰期重点观测的内容。冰盖观测主要研究封冻和融化的日期、过程和方式，封冻长度、冰盖厚度及生消增长过程等内容。实时监测渠道冰盖厚度，研究冰盖厚度随时间发展的规律，对掌握渠道冰情发展和冬季冰期输水安全运行调度具有重要意义，也可为制定开河防冰坝措施提供基础数据。

5. 冰塞、冰坝

冰塞主要发生在结冰期和封冻期的流冰段，冰塞形成的条件主要是要有足够的流冰量和能使冰块下潜的水力条件。冰坝主要发生在融冰期，同冰塞形成条件相似，需要有足够的流冰量和卡堵条件（使得流冰下潜）。

3.3.3 冰情观测方法

冰情观测选取冰情发生的顺直渠段进行目测、测量和测验。基本冰情的观测在4个固定测站开展，主要通过冰情目测，使用采集器、厚度量测仪器、摄像机等工具观测岸冰、流冰花、冰盖封冻长度及厚度、冰塞裂缝、冰盖下水面线、冰盖下沙波状结构、融冰方式和开河方式等；专项冰情则利用专业仪器进行测量、测验，并对测量结果进行分析和计算。

对于冰情现象出现至消失过程中变化不大或者变化缓慢的，主要观测手段为目测。观测内容有初生冰、封冻、冰层浮起、解冻、终冰测记发生日期，其中封冻、解冻说明其类别；封冻冰缘、悬冰、冰上冒水，记载发生日期与位置；冰上覆雪、冰缝、冰上有水、冰上流水、层冰层水、冰层塌陷、冰滑动、流冰堆积、残冰堆积，测记发生日期、位置、尺寸和范围；岸冰、清沟，测记出现日期、位置、尺寸和类别。

冰情目测和冰情测量、测验配合进行，当目测冰情开始生消演变时，需利用专业工器具对相应冰情现象进行测量、测验，以获取更加准确的冰情信息。

3.3.3.1 岸冰观测

1. 观测部位

固定断面及重要建筑物附近。

2. 观测频次

每天观测2～4次，在岸冰初生及发展时期适当增加测次。

3. 测量工具

钢尺、量冰尺等。量冰尺的种类很多，常用的有L形量冰尺、钩形量冰尺、杆形量冰尺等，结构形式如图3.3-2所示。

此次冰情观测使用LB-1量冰尺（图3.3-3），采用304不锈钢制作，总长145cm，总宽45cm，刻度尺长度为100cm，刻度尺宽度为6cm，最小刻度为0.1cm。

4. 观测内容

在冰情出现时，记录冰情发生时间、位置，使用钢尺测量岸冰宽度，使用量冰尺测量岸冰厚度；在冰情发展期，持续测量记录其宽度、厚度等参数。

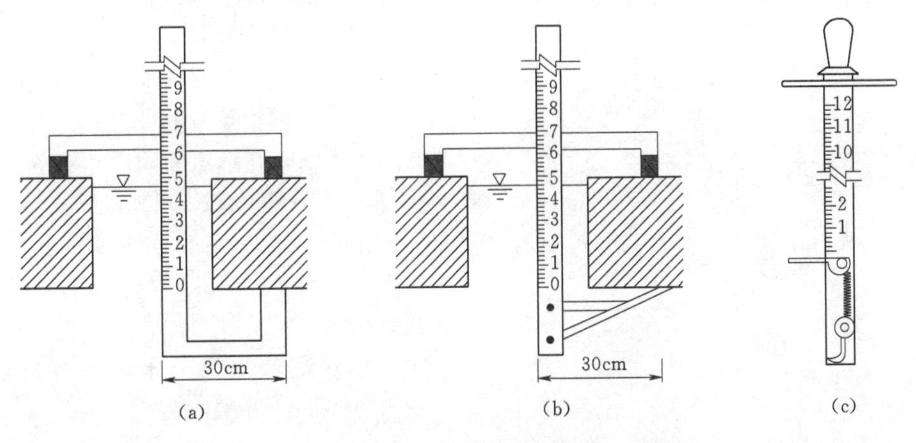

图 3.3-2 常用量冰尺结构形式

3.3.3.2 水内冰观测

1. 观测部位

渠段比较顺直，水流稳定，无回水现象；避开易形成冰堆、冰塞和冰坝等地点；封冻后，应选择在有清沟的渠段内。

2. 观测频次

水内冰观测时间从水温降至1.0℃时开始，至春季融冰水温升至1.0℃以上停止。如遇气温骤降，水温又降至1.0℃以下时，继续观测。观测期间，每日日落前将冰网放入水中，次日日出前取出冰网观测。白天视情况加测。封冻后无清沟或清沟消失时，停止观测。

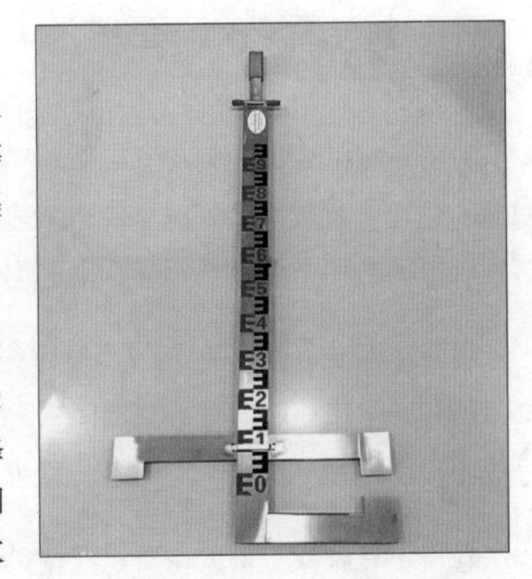

图 3.3-3 LB-1量冰尺

3. 测量工具

半球形冰网是水内冰的观测设备，用铁丝网制成，框架由底部铁圈和拱形十字架构成，十字架中心装有挂环，结构形式如图 3.3-4 所示。冰网分大、小两种规格，小型冰网与大型冰网相似，只是架子尺寸缩小，网眼孔径不变。大型冰网直径为 30cm，高 10cm；小型冰网直径为 15cm，高 5cm；网眼均为 2mm×2mm。水深大于 0.5m 时可使用大型冰网，水深小于 0.5m 时可使用小型冰网。测站各时期所用冰网规格应保持一致。

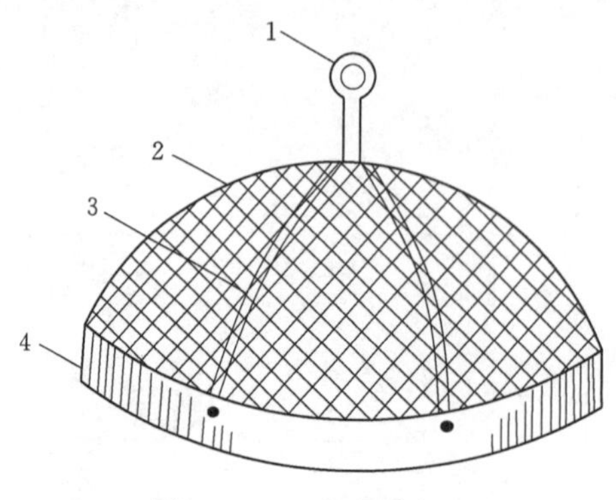

图 3.3-4 半球形冰网

1—挂环；2—拱形架；3—铁丝网；4—铁圈

4. 观测内容

（1）施测水深和流速。水深和流速变化较大时，在每次放、取冰网时施测；水深和流速变化不大时，可3天施测1次；在选定的断面布置3条垂线，每条垂线按0.1倍、0.3倍、0.5倍和0.7倍水深布置冰网。

（2）在放、取冰网时观测水位和冰情。

（3）测量冰网上水内冰厚度，记至0.1cm，并瞬时称重。

（4）观察水内冰形状、颜色和硬度。

（5）同时观测气温、水温、天气状况等。

（6）每6h观测1次，冰情较重时，加密观测至每小时1次。

3.3.3.3 流冰量测验

1. 观测部位

水流顺直、平稳，渠宽基本一致，岸冰间敞露水面宽也基本一致；避开节制闸、弯道、桥墩等易形成冰凌堵塞或对流冰有明显影响的渠段；流冰量测量在固定常规断面进行，同时设置上、中、下3个断面。

2. 观测频次

稀疏流冰时，2～3天观测1次，当稀疏流冰时间很短时，及时测量；中度流冰和密集流冰时，每日观测2～4次；当阵性流冰或流冰密度变化急剧时，适当加密测次。

3. 测量工具

卷尺、计时器、量冰花尺、冰花采样器、摄像机等。

量冰花尺用来测量冰花厚度，常用的有道布兰斯基量冰花尺和折叠叉式量冰花尺，结构形式如图3.3-5和图3.3-6所示。冰花采样器结构形式如图3.3-7所示。采样器用薄铁皮制作而成，高度建议为60～100cm，在采样器底部0.5cm处安一个金属片制成的阀门。阀门上有直径为2mm的小孔。在阀门的铰链处安有弹簧，阀门可自动关下。在阀门关闭的位置，于筒壁四周焊若干卡条，挡住阀门，不使用时按下。

4. 观测内容

流冰量测验的观测内容包括：①敞露水面宽度；②流冰或流冰花团的疏密度；③流冰块或流冰花团的速度；④流冰块或者流冰花团的厚度与冰花团密度；⑤最大流冰块尺寸；⑥水位与渠段冰情；⑦计算冰流量。

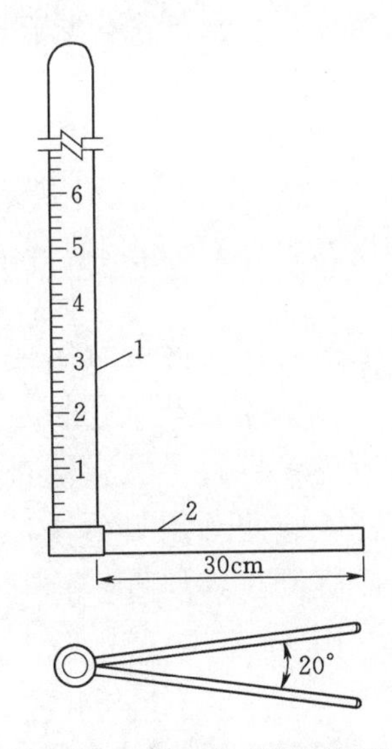

图 3.3-5 道布兰斯基量冰花尺

1—尺杆；2—横叉

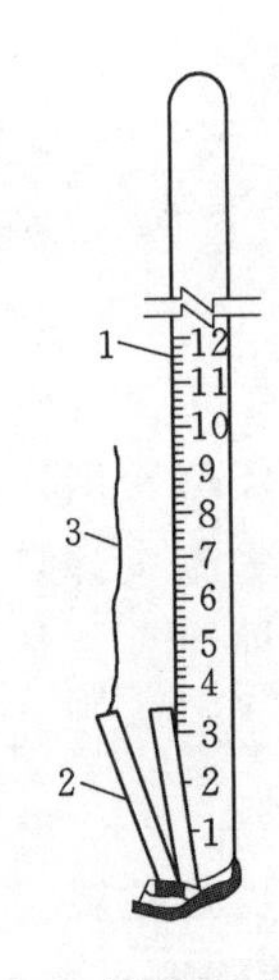

图 3.3-6 折叠叉式量冰花尺

1—尺杆；2—折叠叉；3—拉线

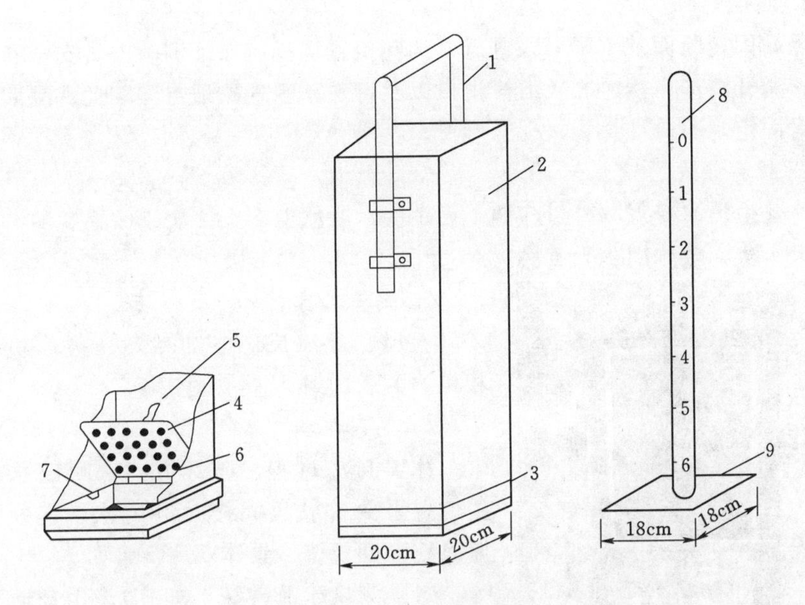

图 3.3-7 冰花采样器

1—提柄；2—器身；3—带刀口底盘；4—带孔活动底盘；5—弹簧；
6—活动铰；7—卡条；8—尺杆；9—底盘

敞露水面宽度可用免棱镜极坐标观测，条件好可以直接量测。流冰疏密度测量采用统计法和摄影法进行。断面上采用统计法测疏密度时，先测定断面上各垂线的流冰疏密度，再求出断面平均疏密度，垂线条数不少于3条。用摄影法测量时，注意相机高度满足要求（不小于渠水面宽的1/10），拍摄时将渠道水面流冰情况及上、中、下各断面标志拍摄下来，计算疏密度时进行投影校正。最大流冰块尺寸观测采用免棱镜全站仪进行测量。同时观测断面水尺读数，各断面水尺读数，施测期间流冰疏密度发生显著变化时，详细记载，相片资料存档。

敞露水面宽度、流冰疏密度和流冰块或冰花团厚度等为冰流量观测要素。整日流冰且疏密度观测在2次以上的，用面积包围法计算；简测法施测冰流量时，冰流量计算选用规范要求的公式进行。冰速测量采用流冰通过起止断面历时计算，流冰及流冰花疏密度观测采用目估法，冰花厚度及冰花密度测量采用冰花采样器进行，采样后测量其厚度，称其质量，计算冰花密度。

3.3.3.4 冰盖稳定性观测

冰盖稳定性观测主要观测冰冻期冰盖是否发生裂缝，裂缝形成的原因分析，记录冰缝位置、裂缝长度和走向，预测冰情发展等。

1. 观测部位

测站固定断面及重要渠段进行，测孔位置选择应保证测验人员安全和测验质量，避开清沟、浅滩、入河排洪口以及特殊冰情现象地点等，且观测期间保持相对固定。

2. 观测频次

冰盖生消演变观测，封冻期1天1次，融冰期1天2次；冰厚观测，冰冻期3天1次，融冰期1天1次。

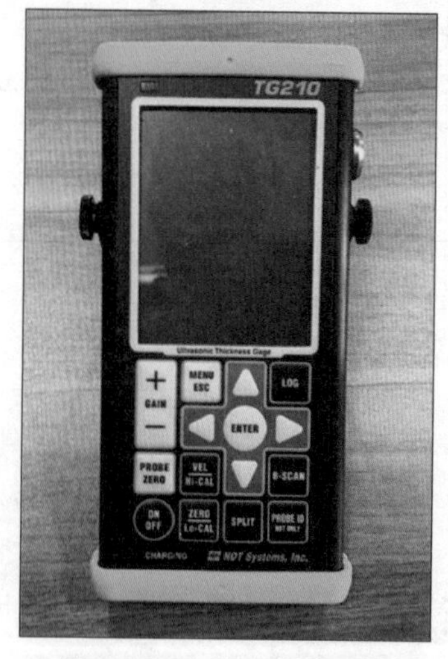

图3.3-8 TG210测厚仪

3. 测量工具

卷尺、量冰尺、电动冰钻、摄像机、照相机、TG210测厚仪（图3.3-8）等。

4. 观测内容

冰盖封冻过程、破坏方式，测记冰盖发生位置及封冻长度，按时测定冰厚，分析冰厚时空演变规律。具体观测步骤如下：

（1）测量冰上雪深（如有）。用普通钢尺在距冰孔较近地方，垂直测量未受干扰的雪深3～4个点，读取雪面截于尺上读数并取其平均值；测量雪深后，在冰上观察可见范围内冰层表面的特征。

（2）测量冰厚和水浸冰厚。采用量冰尺

测量，测量时用测尺底部的零处紧贴冰底，在顺水流和垂直水流方向，分别读取尺身垂直时冰面和水面截于尺上读数，前者为冰厚，后者为水浸冰厚。取顺水流和垂直于水流两个方向的平均值。当冰下有冰花时，先测冰花厚，然后量测冰厚。冰花厚量测，可使用量冰花尺穿过冰花层，轻提至感觉有物时，扶直冰花尺，读取水面截于尺上读数，以此读数减水浸冰厚（即冰花厚），测取顺水流与垂直水流两个方向读数，取平均值，并记录冰花现象，如稀少、流动、密集等。

（3）测量时发现冰厚及冰花变化复杂时，可根据情况增加辅助断面以掌握其变化趋势。测定冰厚时，测定冰下冰花界线，其方法为在有冰花的冰孔与无冰花冰孔中加打冰孔，逐渐摸清冰花分布界限，并绘制冰花分布图、冰情图以及渠段冰厚等值线图等。

3.3.3.5 冰盖糙率观测

1. 观测部位

在固定测站附近选定 3 个渠段，每个测量断面布设 3～5km 长的渠段，每个断面布设水尺和断面标志，渠道尺寸信息由资料收集或者测量，水尺高程由一个测量基点引测并联测。观测断面结冰期、封冻期和融冰期的水力条件，计算冰盖糙率。

2. 观测频次

结冰期，每日观测 2～3 次；封冻期冰盖稳定时，减少观测频次；融冰期水位波动大时，适当增加观测频次。

3. 测量工具

量冰尺、高精度水准仪、流速仪等。

4. 观测内容

渠道封冻后，凿冰后量取冰盖厚度，观测水尺读数，测量断面流量。通过观测数据，计算渠道综合糙率，扣除渠道衬砌糙率，得到冰盖糙率，公式为

$$n_i=\sqrt{\frac{(1+a)n^2-n_b^2}{a}}=\sqrt{2n^2-n_b^2} \tag{3.3-1}$$

式中：n_b 为渠壁糙率；n 为综合糙率。

综合糙率 n 可通过观测水位利用以下水力学公式计算求得出，计算公式如下：

$$n=\frac{AR^{2/3}}{Q}\sqrt{\frac{h_f}{l}}=\frac{AR^{2/3}}{Q}\sqrt{\frac{(z_1-z_2)+\left(\frac{v_1^2-v_2^2}{2g}\right)}{l}} \tag{3.3-2}$$

式中：A 为过流面积，m^2；Q 为过流断面平均流量，m^3/s；R 为水力半径，m；z_1，z_2 为上、下断面的水位，m；g 为重力加速度，m/s^2。

在冰盖糙率变化明显时，需采取大块冰盖样本，观测冰盖下表面形状，验

证糙率值的变化。

3.3.3.6 静冰压力观测

1. 观测部位

漕河渡槽。

2. 观测频次

冰冻初期1次/h，封冻后加密观测，冰情解除后不再观测。

3. 测量工具

冰压力传感器。该项目观测采用昆山双桥传感器测控技术有限公司生产的高精度冰压力传感器（图3.3-9），仪器型号为CYG712。该产品力敏元件利用硅压阻效应，通过微机械加工工艺制作而成，被封装在不锈钢外壳与膜片内，并通过灌充硅油实现压力传导。当敏感元件感受到压力作用时，将会输出与压力成正比变化的电压信号。该设备量程为0～600kPa，供电电压为12VDC，输出电流为4～20mA，传感器精度为0.25%。

动态信号采集分析系统（图3.3-10）用于冰压力传感器数据的采集，该系统适用于各种情况下的高频信号采集。每个通道具有独立的16位A/D转换器，采集频率最高可达128kHz；板载A/D FIFO，实现采集数据的快速实时存取；采用DMA数据传输技术，保证数据实时传输、显示、分析和存储；采用DDS高精度频率合成技术，保证所有通道并行同步采集；板卡采用PCI接口总线，具有良好的实用性。

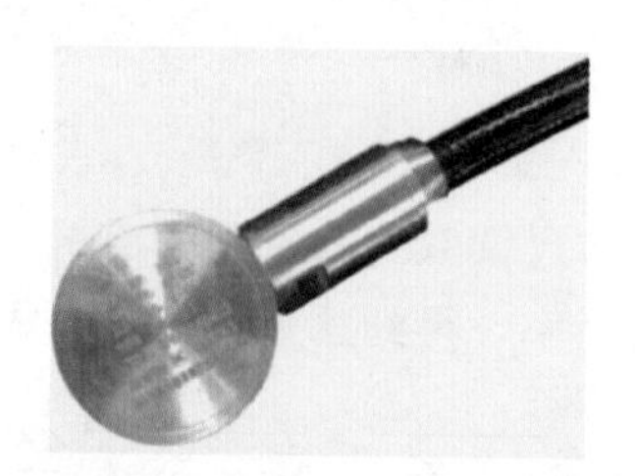

图3.3-9 CYG712压力传感器

图3.3-10 动态信号采集分析系统

4. 观测内容

静冰膨胀力观测项目包括数据采集系统、通信系统、供电系统、传感器及相关软件等。仪器观测电缆引至集线箱，接入自动化系统，太阳能供电，GPRS通信，设定观测频次。

当渡槽段出现流凌时进行安装，埋设采用不锈钢板加工成挂件挂在渡槽壁上，每个钢板布设仪器2支或3支，仪器间距10cm，可按照冰情实际情况进行调整，可拆卸。在冬季封冻期，观测冰厚与仪器安装位置关系，保证仪器埋入冰体中，2支或者3支仪器分别位于冰厚的1/3、1/2和2/3处，如果不好移动，须重新在新的位置布设另外1套，按当前冰情布设仪器位置。

3.3.3.7 冰塞观测

1. 观测部位

渠段内发生冰塞后，设立测站进行观测，布设冰塞观测的渠段，观测断面满足水文冰凌规范要求，即：①冰花积聚段断面布设数量宜为5～10个，断面选择在渠段变化段；②冰花下潜段观测断面满足冰花流量测验和冰情清沟内水内冰观测的要求；③在冰花积聚段有水工建筑物等加设辅助观测断面；④断面选定后设立固定标志，联测各点高程，并将冰花积聚段断面标志绘于平面布置图。

2. 观测频次

冰塞观测采用定期现场巡视，结合现地管理处工程安全部门一起开展，按照制定的冰塞冰坝巡视制度，每天早晨、中午和日落前各巡视1次，在气象和水力学条件急剧变化时，增加巡视次数。在巡视过程中，对于曲率较大的弯道、高填方和开挖断面、大分水口门和主要水工建筑物附近重点观测，同时注意节制闸断面水位和流量的变化。

冰塞位置、范围及体积等，在冰塞时期通过渠段冰厚测量确定，渠段内冰厚测量测次为：当冰塞稳定，持续时间不足1个月时，可在冰塞体最大时施测1次；当冰塞有缓慢移动或者持续时间超过1个月时，根据冰塞变化情况施测3次。当所观测渠段冰塞体较大时，可采用雷达冰厚仪进行渠段冰厚测量。

3. 观测内容

（1）冰情目测与冰情图绘制。

（2）冰花流量测验或清沟内水内冰观测。

（3）测定冰塞位置、范围及体积。

（4）水位观测。在冰塞渠段纵断面发生转折有代表性的地点，设立临时水尺（临时水位站）观测水位，了解冰塞期水位变化的特征和确定冰塞时的水面比降。水位观测自流冰花起至稳定封冻后冰塞消失时止。测次视冰塞变化确定，应满足受冰塞影响的水位变化过程和推求冰塞壅水水面线的要求，冰塞发展期每天观测6次。

（5）灾情测记。预估渠段出现冰塞现象，分别在冰花积聚段和下潜段开始进行冰情目测与冰情图绘制，积聚段至冰塞完全消失时停止，下潜段至该段完成封冻时为止。

（6）当冰塞造成严重灾害时，应进行冰塞情况调查。调查应包括下列内容：

1）冰塞形成过程调查，包括发生时间、冰塞头、尾部横断面、冰塞体体积、冰花（冰）量、相应水位、冰塞体推移断面变化、冰花（冰）上溯和下潜等变化过程。

2）冰塞消失后，调查冰塞壅水范围、冰塞水位变化过程、洪水走向、冰塞渠段蓄冰量、上游来水量和输冰量、残余岸冰量、冰塞回水长度。

3）冰塞渠段冰花量、冰塞壅高水位等。

4）冰塞灾害。

3.3.3.8 冰坝观测

断面选择同冰塞观测，巡查方式按照冰塞巡查制度进行。冰坝观测主要包括以下内容：

（1）渠段冰厚测量。在解冻前，对产生冰坝的渠段及其上游进行渠段冰厚测量，了解冰厚及其分布情况。冰盖厚度最大时，测量整个渠段冰厚。当冰坝出现并稳定后，在冰坝发生段进行冰厚测量。当冰坝长度较长时，实测头部和尾部断面冰厚，满足绘制冰坝体纵剖面制图的要求。

（2）冰情目测与冰情图绘制。当渠段出现冰凌堆积、水情、冰情有明显变化时，直到冰坝消失，在观测渠段进行冰情目测与冰情图绘制。

（3）测定冰坝位置尺寸。冰坝位置与尺寸的量测可采用直接法，当冰坝尺寸很大时，应进行航空摄影，用航测图片来确定冰坝位置和尺寸。

（4）在冰坝稳定期内进行冰流量测验，测取冰坝稳定期冰流量过程。在冰坝形成、溃决期，头部附近断面的冰流量测验可由冰情自动采集系统完成。

（5）必要时进行冰质和冰孔隙率测验。采样和频次按规范要求进行。

（6）水位观测与冰塞时水位观测要求一致。

（7）冰坝体积测量采用间接估测法和冰量平衡法估算。

（8）冰坝过水能力测算，在冰坝开始形成、持续期间和溃决前，选择冰坝上、下游同时水位作为代表水位，冰坝现象消失后通过水文计算方法推求。

（9）冰坝灾害调查内容同冰塞情况调查。

3.3.3.9 冰情图测绘

结合固定测站和冰情的发展，展示各段冰情发展的情况，重点突出测验渠段的变化情况，按实际情况发布变化后的冰情，并以文字提示。

随着冰情的发展，在冰塞、冰坝易发渠段进行冰情测绘，测绘渠段长度按照规范要求进行，一般长度要求大于100m，重要建筑物部位辅助摄影、摄像资料。

在发生严重冰情时，采用地面摄影、高清数码相机，摄影时填写拍照卡片，记载日期、编号、拍摄位置，并进行主要冰情描述。

3.4 冰情巡视方法和设备

3.4.1 冰情巡视范围

冰情巡视从气温转负开始，到冰情消失终止，经历结冰期、封冻期和融冰期，巡视范围为安阳河倒虹吸至北拒马河渠段，全长 480km。冰情巡视工作分布范围广，包括渠道、倒虹吸、渡槽、隧洞、分水口和退水口等，涉及的地形有填方、半填方、挖方段等。根据历史资料和巡视经验，着重巡视冰情严重渠段及重要建筑物附近，把握重点巡视部位，掌握岸冰、流冰花、表面冰、流冰、冰盖及冰塞冰坝等冰情状况，再结合气象资料，探究南水北调中线渠道冰情演变过程和时空分布规律。

在冰情巡视过程中，根据冰情发展状态将渠道冰区划分为 3 个等级：①Ⅰ级冰区，形成冰盖的起始部位至北拒马河渠段；②Ⅱ级冰区，形成流冰的起始部位至形成冰盖的起始部位；③Ⅲ级冰区，形成岸冰的起始部位至形成流冰的起始部位。重点巡视Ⅰ级、Ⅱ级冰区；Ⅲ级冰区只对水工建筑物进行巡视检查及水温测量；Ⅲ级冰区上游渠段不进行巡视检查。南水北调中线工程冰情巡视渠段分级如图 3.4-1 所示。

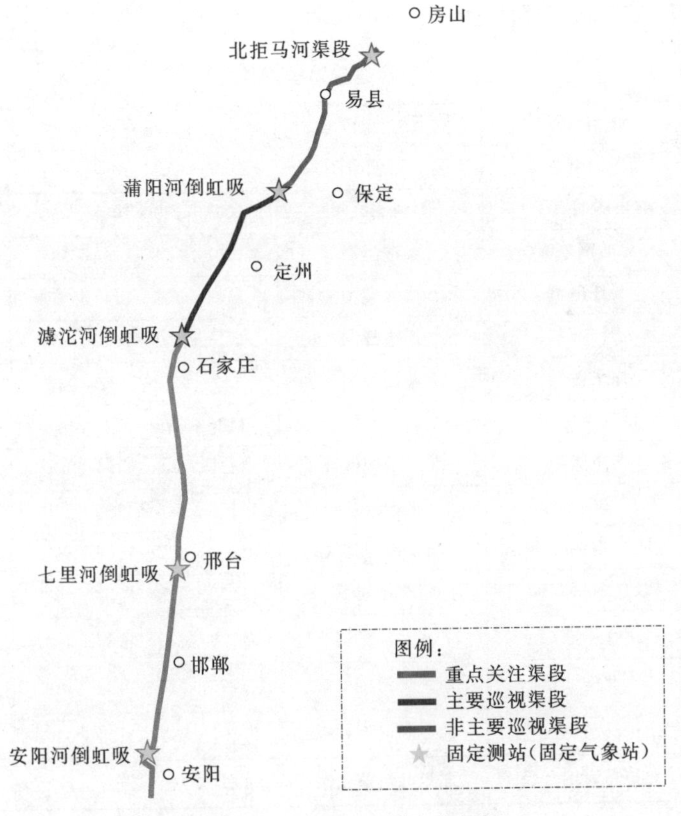

图 3.4-1　冰情巡视渠段分级图

2016—2019 年度的冰情巡视结果显示，在暖冬年，安阳河倒虹吸至滹沱河倒虹吸渠段基本为无冰段，冰情对渠道调度产生的影响很小，因此可只在降温时段，对该渠段水工建筑物附近进行检查，升温期不再进行巡视检查；滹沱河倒虹吸至漕河渡槽渠段主要冰情为岸冰和流冰，漕河渡槽至北拒马河渠段以流冰为主，局部渠段出现小范围冰盖，因此滹沱河倒虹吸至北拒马河渠段为主要冰情巡视渠段。其中，吴庄隧洞出口至岗头隧洞进口、岗头隧洞出口至釜山隧洞入口、西市隧洞出口至北易水倒虹吸进口、大赤土桥至南拒马河倒虹吸、南拒马河倒虹吸至北拒马河暗渠节制闸等渠段为冰盖易发区，需特别关注。

石家庄滹沱河以北倒虹吸下游重点防护渠段分布在蒲阳河倒虹吸以北，共有15段（表3.4-1），长度为845～10129m，其中瀑河倒虹吸至中易水倒虹吸渠段最长，为10129m，漕河渡槽至岗头隧洞渠段长为845m。同时根据各渠段长度、渠段位置、渠道和建筑物布置、运行调度等的不同，各渠段防护重要性也有差别，其中吴庄隧洞至岗头隧洞、瀑河倒虹吸进口至中易水倒虹吸、厂城倒虹吸至七里庄沟倒虹吸、下车亭隧洞至南拒马河倒虹吸、北拒马河倒虹吸至北拒马河节制闸渠段为重点防护对象。

表3.4-1　冰情巡查重要渠段

序号	开始渠段	终止渠段	起止桩号	长度/m
1	蒲阳河倒虹吸	雾山隧洞（一）	1085+119～1094+514	9395
2	雾山隧洞（一）	界河倒虹吸	1095+179～1097+058	1879
3	界河倒虹吸	吴庄隧洞	1097+604～1104+685	7081
4	吴庄隧洞	漕河渡槽	1106+902～1111+357	4455
5	漕河渡槽	岗头隧洞	1111+357～1112+202	845
6	岗头隧洞	釜山隧洞	112+955～1127+957	6002
7	瀑河倒虹吸	中易水倒虹吸	1136+845～1146+974	10129
8	西市隧洞	北易水倒虹吸	1153+336～1157+180	3844
9	厂城倒虹吸	七里沟倒虹吸	1158+246～1163+226	3844
10	七里沟倒虹吸	马头沟倒虹吸	1163+437～1169+867	6430
11	坟庄河倒虹吸	下车亭隧洞	1172+373～1179+163	6790
12	下车亭隧洞	水北沟渡槽	1179+879～1185+044	5165
13	水北沟渡槽	南拒马河倒虹吸	1185+044～1191+133	6089
14	南拒马河倒虹吸	北拒马河倒虹吸	1191+931～1194+035	2204
15	北拒马河倒虹吸	北拒马河节制闸	1194+740～1197+773	3033

冰情巡视特别关注渠段（蒲阳河倒虹吸以北至北拒马河节制闸渠段）通常每2～3d巡视1次，蒲阳河倒虹吸以南至滹沱河倒虹吸每5～6d巡视1次，滹沱河倒虹吸以南渠段仅在降温时巡视水工建筑物附近的冰情现象。当寒潮来临

气温急剧变化和冰情变化较快时，应加密全线巡查频次。

3.4.2 巡视内容和设备

全线冰情巡视主要观测流冰、冰盖封冻、渠道开河方式、残冰堆积和冰塞冰坝等项目，采用目测、摄像、照相和采样测量等方法，记录全线冰情空间分布，并侧重巡视主要渠段和重要建筑物。

冰情巡视主要是掌握全线冰情的时空分布以及冰情发生的气象、水力条件，采用的主要设备包括气象观测设备、水力观测设备、劳动保护安全设备和辅助工具等。利用手机 APP、高清数码相机、摄像机等做好冰情巡视观测记录，同时记载日期、部位、桩号、拍摄位置、水温、冰厚、冰面最大宽度等数据，并进行主要冰情现象的描述，巡视结果通过手机 APP 及时上传至冰情观测信息化平台，实时发布。

冰情巡视的气象观测采用便携式 PC－5A 型超声波一体气象站，主要观测环境温度、风向风速、气压、相对湿度和太阳辐射强度等气象指标，设备详细参数见 3.1.2 节。水温观测采用 CASTAWAY®－CTD 温深仪，获取冰情发生时的水温和水深信息，设备详细参数见 3.2.2 节。冰情观测的方法和设备见 3.3.3 节。

在渠道结冰期的冰情观测过程中，主要观测沿程岸冰初生时间、形状、质地的变化等，并侧重观测典型弯道、水工建筑物、桥墩束窄断面等的结冰情况；在渠道进入流冰期后，重点关注流冰花沿程疏密度的变化，阵性流冰层的形成和疏密度的变化，表面冰的运动形式等；渠道封冻期主要观测渠道冰盖最早形成的时间、冰盖前沿上游的发展方式、最早封冻日期、封冻时间及冰盖厚度沿程变化规律等；渠道融冰期主要观测冰盖融化方式、冰盖前沿的退化位置等。

3.5 新型设备推介及观测方法优化

如今全球各个领域均进入智能化发展的阶段，各类新型设备层出不穷。就冰情观测工作而言，传统的观测方法和手段是前人不断探索的结果，是进行冰情观测工作的基础。如果能够开拓思路，利用新型智能化设备优化冰情观测手段，并配合先进的数据处理及分析方法，对提高冰情观测工作效率及精准度、减少人力物力的投入是十分有利的。

沿线冰情巡视是冰情观测时必不可少的工作内容之一，无人机航拍技术可在沿线巡视时起到辅助作用，能宏观掌握渠段冰情分布及发展情况，节省了频繁转场的时间；若结合倾斜摄影技术，可进一步获取渠冰的表面信息及具体结冰情况，减少人为分析补充信息的成本；引进水下无人机便于获取更加丰富的水下冰情资料；为了尝试建立冰期渠水表面温度和面板温度之间的联系，在典型部位安装红外热成像仪，便于实时掌握大范围的渠道水面及面板温度分布情况；另外，在重点断面引入水温自动化观测系统，实现全断面各位置的水温实时采集与发布；基于云计算技术，建立大数据智能分析平台，便于所有观测数据及冰情影像的可视化展示，并对观测资料进行智能化分析与预测，为冰期输水安全提供技术支持。

3.5.1 无人机航拍技术

根据近几年冰情观测成果来看，南水北调中线工程干线冰情的时空分布具有一定的复杂性。进入冬季伴随着寒潮来临，出现降温过程，各渠段进入结冰期，出现岸冰冰情；随着负气温积累，冰情逐渐发展，然而南水北调中线工程冰情观测范围跨越480km，受各地气象条件和水力条件差异，各渠段开始出现不同类型、不同程度的冰情现象；进入融冰期，各渠段不同类型的冰情消融速度不同，冰情的时空演变规律不一。

中线工程干线的冰情演变特点增加了沿线冰情巡视的难度，在有限的人力条件下，既要追踪长渠段的冰情时空分布规律，又要根据冰情现象进行相应的观测工作，导致无法准确掌握全线冰情发展的临界点，对于冰情分布具体范围更是难以确定。

为了了解各渠段、各类冰情在不同时间段内的分布范围与现象，掌握其发生、消融时期的临界位置，提高冰情观测工作质量和效率，引入无人机航拍技术作为冰情巡视的辅助手段。该方法涵盖了无人机和航空摄影两项先进技术，其中无人机，即无人驾驶飞机（图3.5-1），是利用无线电遥控设备和自备的程序控制装置操纵的不载人飞行器，或者由车载计算机完全地或间歇地自主操作[88]。航空摄影是指从空中对地球地貌、城市景观、工程建设等方面进行的摄影摄像活动，以人们一般难以达到的高度俯视事物的全貌，清晰地展现地理形态。

无人机航拍技术是以无人驾驶飞机作为空中平台，以机载遥感设备，如高分辨率CCD数码相机、轻型光学相机、红外扫描仪、激光扫描仪、磁测仪等获取信息，用计算机对图像信息进行处理，并按照一定精度要求制作成图像。该技术集成了高空拍摄、遥控、遥测、视频影像微波传输和计算机影像信息处理等。

为了使拍摄过程顺利且拍摄效果符合要求，在使用无人机进行航拍时，需注意以下几点：①正式观测之前，应对重点巡视的水工建筑物和渠段建立明显标志，便于识别及后期图像处理；②起飞前掌握天气状况，考察场地；③妥当安排拍摄时间；④做好起飞前的各项测试准备工作；⑤飞行过程中实时监控航高、航速及航线；⑥注意避障，确保信号不被阻挡，顺利返航等。

在南水北调中线工程干线的冰情观测中，主要在岸冰、流冰、冰盖形成后对渠段表层冰情进行拍摄，获取视频及照片等影像资料，从宏观角度全景显示冰情发展变化情况，为指定观测断面及总结冰情发展前沿（过渡段）的冰情时空分布规律提供参考，弥补了地面拍摄可视范围小、频繁转场的缺陷。利用无人机航拍的冰情图如图 3.5－2 所示。

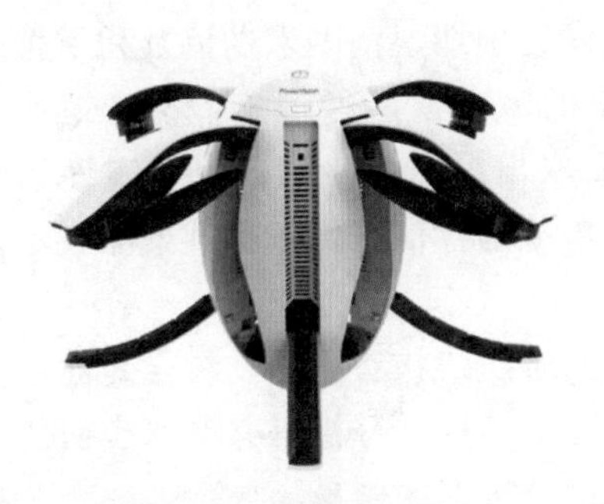

图 3.5－1　空中无人机

图 3.5－2　利用无人机航拍的冰情图

3.5.2　倾斜摄影技术

目前所用无人机航拍技术虽然能够弥补人工巡视中的部分不足，但获取成果仅限于视频和照片等影像资料，对于每一段资料的详细信息均需要人力加以分析补充，如结冰过程中航拍观测到的典型冰情起止位置，封冻期重点区域冰盖厚度，冰上积雪等情况，均需要巡视人员反复查看冰情影像，同时结合相关测量成果，及时记录并加以分析，该影像资料才能真正得到应用。

无人机倾斜摄影技术是空中飞行测量技术的一种，该技术的应用在工作中不需动用大量的人力和物力，可结合现有的定位技术并融入精准的地理信息，大大提高了影像数据处理能力。倾斜摄影技术原理如图 3.5－3 所示。通过在同一飞行平台上搭载多台传感器，同时从 1 个垂直、4 个倾斜等 5 个不同的角度采集影像，其中正

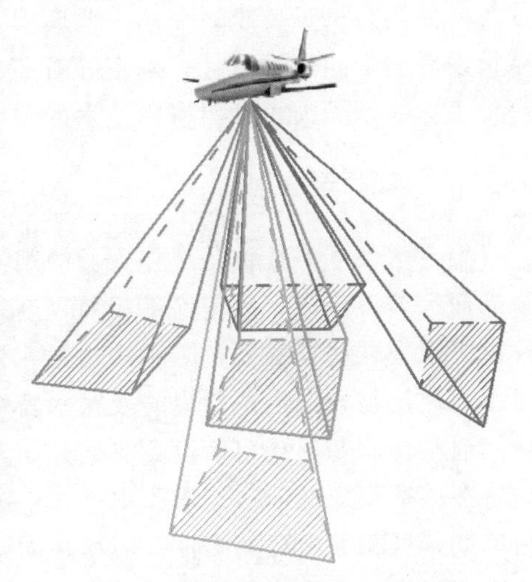

图 3.5－3　倾斜摄影技术原理图

片拍摄主要是应用了垂直拍摄技术，而斜片则是指通过一定的拍摄角度倾斜所形成的图片，真实地反映地面物体情况，高精度地获取物方纹理信息。无人机倾斜摄影技术也可以实现对于目标物体的高度、面积的测量，可以直接将各种三维建模的应用结合起来，具有航空摄影大规模成体的特点以及倾斜摄影批量提取的功能[89]。

在未来的冰情观测中，可利用低空无人机分辨率高的优势，开展特殊易成冰区域渠段的低空影像观测，实现对渠冰在生长期、发育期、消融期等不同时期状态信息的获取。基于无人机搭载的倾斜摄影相机，在渠道上空进行不同时段连续的低空摄影，获取在渠冰生长前期、发育中期、消融末期以及积雪覆盖期等不同时期与冰有关的高精度、高分辨率的多要素影像信息，结合地面的GPS控制测量，在相应的影像处理系统中提取出渠冰的表面信息，表面运动变化特征点的信息，渠冰边界信息和积雪覆盖范围等信息，以得到渠冰在不同时期的状态。

利用低空无人机摄影测量获取的渠冰不同时期的状态信息，结合地面观测资料可以分析研究渠冰的产生和消融的动态变化过程；分析研究渠冰表面的动态变化过程；分析渠冰面积变化的动态过程；分析渠冰储量的变化；综合分析研究渠冰变化的各要素之间的关系与机制及渠冰动态变化的区域特征。还可以在规定观测断面实现三维建模和数字化平台展示，协助完成观测渠道全线冰情的分布规律，完成冰情图的测绘，追踪冰情的发展状况，及时掌握全面的冰情。

由于航摄质量受时间影响，而飞行的时间又受到天气条件的制约，因此在航摄时应确保水平能见度、垂直能见度、气流、所选时刻的太阳高度、阴影倍数等外界因素满足要求；在南水北调中线工程的冰情观测中，航线可按照渠道冰情发展的走向进行设计；确定好航高、像片控制点的选取、相关数据的预处理等工作也是无人机倾斜摄影技术的关键。

3.5.3 水下无人机

渠道水面下方往往是工作人员的观测盲区，封冻初期，在渠道转弯处或束窄断面等典型区域，冰盖底部粗糙程度较大，上游渠段流来的水内冰、冰花及碎冰等聚集在冰盖底面，阻塞渠道过水断面，壅高上游水位，可能形成冰塞，对水工建筑物、渠道两岸堤防及输水安全均有较大危害。根据相关规范，冰塞观测通常在冰塞形成之后设置测站开展，而在实际冰情观测工作中，工作人员通常在冰塞形成之前，选取历史常发生冰塞区域，设置固定断面，在流冰期和封冻期开展相关项目的测量。流冰之初，主要进行水面、水中及水底的水内冰的观测，重点关注拦污栅、闸墩、涵洞、渡槽等位置；形成冰盖后，需关注冰底粗糙程度以及下潜至冰盖底部的冰花[90]。

水下无人机拍摄能够解决对于典型区域非固定断面的水下情况并不能完全掌握，对固定断面上游的水内冰分布及流冰分层情况无从得知的问题。在冰情巡视工作中引入水下无人机，进入冰期以后，在重点观测渠段（尤其是容易发生冰塞的部位）开展水下摄影，获取范围更广、信息更全的水下冰情信息作为冰情观测的辅助工具。

冰情巡视所选取的水下无人机（图 3.5-4）具有超高清广角相机，可以实时 1080P 传输预览水下的图像与视频，并支持 4K 30 帧视频录制与 1200 万像素 5 张图像连拍，能够快速以视频或图片的形式捕捉到指定区域水下冰情的全貌。可通过遥控手柄、手机 APP、手机体感等多种模式进行操控，智能化操作简单易懂。拍摄的视频和图像可实时保存在机器本地，然后通过转接线接口或基站 Wi-Fi 接口传输到手机、平板、PC 等终端进行预览、编辑及后处理等。

在流冰期进行水下摄影，能够掌握水内冰的分布区域、存在状态；渠道形成冰盖以后进行水下摄影，可以掌握封冻期冰盖底部形状的变化情况。这些动态冰情信息的采集均有助于观测人员了解冰期渠道冰情的发展情况，利用这些信息观测人员结合气象、水力条件对冰情未来的发展走势做出充分预估，为应对有可能出现的冰害做好准备，对渠道输水能力做出准确判断，为运行调度提供可靠参考的方案。利用水下无人机在水下拍摄的冰情图如图 3.5-5 所示。

图 3.5-4　水下无人机

图 3.5-5　水下拍摄的冰情图

3.5.4　固定网络摄像机

如前所述，南水北调中线工程沿线冰情观测线路长，重点观测的渠段多。为尽可能全面地掌握重点观测部位的冰情发展规律，探究冰情生消演变的特点，依据历年的冰情观测经验，在历史冰情严重的区域和一些重要建筑物附近安装固定网络摄像机（图 3.5-6），并架立夜间照明设施，设定每隔 1h 将渠道冰情状况拍照上传，全天候实时捕捉冰情的演变情况。当典型冰情发生后，管理人员可根据天气情况，手动获取实时图像或更改上传图像的频率设置，远程查看重点观测部位的冰情信息。在3年的实际应用中，固定网络摄像机很好地弥补了人工不能全天候观测冰情的缺陷。

图 3.5-6　固定网络摄像机

3.5.5　红外热成像仪

南水北调中线工程的冰情主要有岸冰、流冰、冰盖等几种类型。水温和气温是影响冰情发展的重要因素，为探索南水北调中线工程冬季各类冰情的发生条件及其发展变化规律，对于水温和气温的掌握是必不可少的。就形成岸冰、表面流冰层及冰盖而言，渠水表面温度以及能够反映环境温度的渠道面板温度应重点观测，如果能够建立渠道面板温度与不同类型冰情的渠水表面温度之间的联系，对于总结中线工程冰情生消演变规律以及进行快速可靠的冰情预报是非常有帮助的。

红外热成像是一种被动红外夜视技术，其原理是基于自然界中一切温度高于绝对零度（−273℃）的物体，每时每刻都会辐射出红外线，而这种红外线辐射都载有物体的特征信息，这就为利用红外技术判别各种被测目标的温度高低和热分布场提供了客观的基础，红外热成像仪如图3.5-7所示。利用这一特性，通过光电红外探测器将物体发热部位辐射的功率信号转换成电信号后，成像装置就可以一一对应地模拟出物体表面温度的空间分布，最后经系统处理，形成热图像视频信号，传至显示屏幕上，得到与物体表面热分布相对应的热像图，即红外热成像图（图3.5-8）。红外热成像仪具有非接触测量、响应

图 3.5-7　红外热成像仪

图 3.5-8　红外热成像图

快、测温范围宽、灵敏度高、空间分辨率高等特点，可满足探测不同类型渠冰表面温度及其周围环境温度的需要。

冰情观测工作开始前，在典型位置安装红外热成像仪，可同时采集110592个点的温度值，以视频图像的形式直观呈现可视范围内所有物体的表面温度分布状况，能够帮助获取该部位一定范围内整个冬季渠道护坡和渠水的表面温度，在很大程度上丰富了水温观测数据。另外，该设备具有网络中断恢复、设备断电重启自动重连功能，支持PELCO-D协议，无须借助第三方设备便可直接控制云台，单根网线即可传输视频和控制云台，便于在寒冷的冬季进行快速远程操控。

3.5.6 在线水温监测系统

在线水温监测系统，即在选定冰情观测渠段布设观测断面，在布设的断面位置设置多条温度观测测线（渠道两侧和中部附近布置），每条测线视水深设若干测点，采用铂电阻温度传感器实现自动化在线监测，可设置为每1h采集1次水温数据，监测数据可以通过软件内置的调用函数及时发送至冰情观测信息化平台。水温自动化观测测点布置如图3.5-9所示。

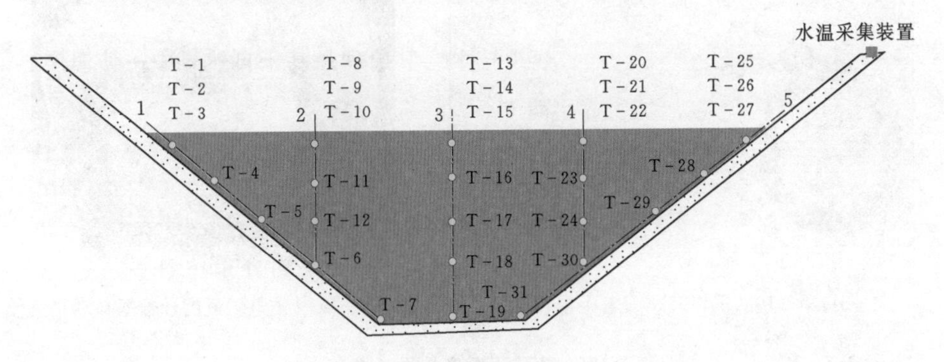

图3.5-9 水温自动化观测测点布置图

T-1～31分别对应通道CH1～31

水温自动化观测断面设置5条测线（2条测线沿渠堤布置，其余3条均匀布置在渠道中部的不同位置），31个水温观测点。第1条、第3条、第5条测线上各布置7个测点，第2条和第4条设5个测点，由水面向下间隔分别为10cm、10cm、10cm、50cm、100cm、100cm、最大水深，通过电缆集中连接至测温仪中进行在线监测，并上传至信息化平台来计算断面平均水温。

T6325D型铂电阻温度计（图3.5-10）是专为工业现场测温及控温场合研制的高精度温度传感器。该温度传感器根据导体电阻随温度变化的规律实现测温，具有适用范围广、测量准确度高、防水、稳定、耐用等优点，广泛用于工业现场的温度测量。具体技术参数见表3.5-1。

表3.5-1 T6325D型铂电阻温度计技术参数表

参 数	技术范围	参 数	技术范围
直径（*A*）	ϕ7mm	R_O	100Ω±0.05Ω
长度（*B*）	50mm	推荐电流	1mA
引线（*D*）	4线1.5m	Alpha	0.003850±0.000005
温度范围	−20～50℃	1mA时的自加热误差	符合二等标准指标0.004℃
准确度	±0.02℃	稳定性	0.01Ω/a
封装	镍铬铁合金	短期稳定性	±0.01℃

自动水温观测采集系统选用T1001系列测温仪（图3.5-11），支持32通道的温度测量，设备准确度高，测温范围宽，在−200～850℃范围内可实现±0.01℃的测温准确度，测量单位可在℃、℉、K、Ω间自由切换，可自动存储测量数据，满足物理、化学、生物、医疗等大多数工业测量及科学研究等对温度测量的需求。主要技术参数见表3.5-2。

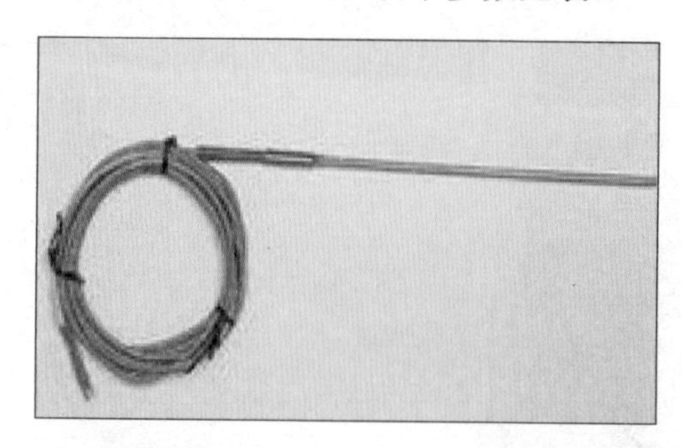

图3.5-10 T6325D铂电阻温度计

图3.5-11 铂电阻温度计数据自动采集仪

表3.5-2 T1001系列测温仪技术参数表

参数	技 术 范 围	参数	技 术 范 围
温度范围	−200～850℃	单位	℃/℉/K/Ω
电阻量程	0～400Ω	操作界面	7英寸触摸屏
通道数	32通道	数据传输	USB
温度计	热电阻	连接探头	5针DIN连接插座
准确度	±0.01℃	操作系统	Windows
稳定性	±3mK/15min	外观尺寸	350mm×250mm×150mm（长×宽×高）
分辨率	0.001℃	工作环境	0～40℃，≤65%RH
年变化率	<5mK/a	电源	110V/220V，50Hz/60Hz
采集周期	单通道采集时间1s		

(1) 经过高精度的测温仪（分辨率 0.001℃）对比，全量程范围内测温准确度高达±0.01℃，可应用于精密测温。

(2) 内置 1G 内存卡，对测温数据具有自动记录、存储功能，可通过 USB 接口将存储数据导出，便于用户对数据进行查看、分析等。

(3) 采用 7.0 寸触摸屏，不同功能模块采用不同颜色清晰区分，界面可同时显示曲线、均值、最值、测量模式等，内容丰富，便于数据的读取和分析，操作简单方便。

(4) 可测量速度达到 1s/次，测量者可以在短时间内完成测试，准确地跟踪温度的变化。

(5) 支持多单位转换，可以在℃、K、Ω 和 F 四种温度单位之间进行随意转换，查看相应测量结果。

在线水温监测系统实时采集观测水温数据，相比人为定时观测水温（2：00、8：00、14：00、20：00）的方式，可以获得更加丰富的水温观测资料，减少了人为观测工作量，降低了观测误差。同时，设置在线水温监测系统每 1h 采集 1 次水温观测数据，方便掌握夜间较低的气温变化对水温的持续影响，为研究冰情的转化条件提供全面丰富的水温资料。

3.5.7 信息化平台的建立

随着信息技术、存储技术及搜索技术的不断进步，各种类型的信息数据流得到广泛的发展。数据，正在以一种前所未有的速度迅速增长和积累，它作为一种重要的生产因素，渗透到当今每一个行业和专业领域。大数据技术通过对海量数据进行快速收集、信息挖掘、及时研判、成果共享，成为支持科学决策、准确预测的有力手段，目前建立大数据分析系统已经成为各个领域共同的需求，如金融行业需要使用大数据系统进行信贷风控，零售、餐饮行业需要大数据系统实现辅助销售决策，企业生产中需要应用大数据分析优化生产流程，提高效益等。总体来说，支撑这些场景需求的分析系统，面临大致相同的技术挑战：①业务分析的数据范围横跨实时数据和历史数据，既需要低延迟的实时数据分析，也需要对历史数据进行探索性的数据分析；②可靠性和可扩展性问题，即用户可能会存储海量的历史数据，同时数据规模有持续增长的趋势，需要引入分布式存储系统来满足可靠性和可扩展性需求等。

对于冰情观测工作来说，每天获取大量气象、水力及冰情信息，这些数据和冰情影像等观测资料对冰情观测工作十分宝贵，是总结现阶段冰情发展规律并对未来冰情进行预测的主要依据，因此冰情观测资料的存储尤为重要；同时，繁杂的观测数据需要经过整编和分析，才能充分地得到有效应用，人工操作不仅工作量巨大，而且工作效率低。另外，考虑到南水北调中线工程冰情观测的性质及其重要性，关注这一工作进展的不仅有现场人员，还有数据分析人员以及参与冰期输水调度的多方单位，日常沟通以及多种形式下的信息实时共享也是一项重要内容。

鉴于上述工作需求及未来有可能面临的挑战，针对南水北调中线工程冰情观测，可建立专门的智能分析信息化平台，应用云计算技术将数据存储、调取、分析，将冰情工作管理等内容进行整合，按需所取。

对于自动化观测设备采集的数据，可通过 GPRS 通信直接上传至云服务器；对于人工观测的冰情数据，可手动上传至平台。用户对以上数据资料可根据需要进行下载或分享，从而实现海量观测数据的云存储功能。另外，平台可根据具体需求对某一特定时段的数据进行智能化处理、整编和分析，并对观测数据、成果等进行可视化展示，便于日常的工作汇报所需。信息化平台还可基于现有历史观测数据，利用统计学及神经网络等方法，对次日水温、冰情等重要观测项目进行分析预测，提高冰情预报的精准度。无论是原始观测数据，还是后期预报结果，都能在平台上分模块、分功能实时展示，针对使用人员职能的不同，设置操作权限，展示出不同的内容，便于冰情观测工作的有序进行。

为了提高冰情观测信息处理的及时性，同时提高反馈速度，可充分利用信息化平台与移动终端相互融合的特点，实现观测数据的实时上传及向相关人员发布重要信息，为运行调度工作提供及时可靠的技术服务。

第4章

南水北调冰情观测信息化平台

传统的冰情观测是先于冬季进行野外原型观测，冰期结束后开始进行数据整编、分析和报告编写等工作。但由于冰情观测线路长、观测项目多、资料整编工作量大，当冰情现场观测工作结束后，内业技术工作者往往需要较大的精力整编观测数据。另外，在冰情观测期间各测站观测资料分散，观测数据和影像资料分开存放，不易于检索查找、对比分析和整体掌握沿线冰情分布规律，这对之后冰情发展的预测以及为管理者提供运行调度建议是不利的。

针对以上背景，开发南水北调冰情观测信息化平台，利用先进的互联网技术，保证原型观测数据能够得到及时采集和整理，并对冰情观测数据进行分析和预测，提高了成果展示效果、数据管理水平和冰期信息发布效率，使各方工作人员实时掌握沿线冰情情况。

经过三年的冰情观测工作，南水北调冰情观测信息化平台功能逐渐丰富，实现了气象、水力、冰情观测数据的上传、审核、整编和基本分析；实现了冰情巡视影像资料随时经手机APP上传至平台，并在网页端及时展现给相关人员，以及空中无人机、水下无人机和固定网络摄像机等影像资料的上传与展示；实现了最低水温预测和冰情预测；并实现了观测数据和预测结果的信息化推送功能，使运行管理者随时掌握渠道冰情信息，做好防冰减灾准备，在技术上为南水北调中线工程冬季冰期输水顺利完成提供保障。

4.1 系统架构

4.1.1 执行标准与依据

(1)《河流冰情观测规范》(SL 59)。

(2)《凌汛计算规范》(SL 428)。

(3)《地面气象观测规范》(QX/T 61)。

(4)《水文测量规范》(SL 58)。

(5)《水位观测标准》(GB/T 50138)。

(6)《声学多普勒流量测验规范》(SL 337)。

(7)《计算机软件需求规格说明规范》(GB/T 9385)。

(8)《计算机软件测试规范》(GB/T 15532)。

(9)《计算机软件测试文档编制规范》(GB/T 9386)。

(10)《计算机软件文档编制规定》(GB/T 8567)。

(11)《计算机信息系统安全保护等级划分准则》(GB 17859)。

(12)《信息安全技术网络安全等级保护实施指南》(GB/T 25058)。

(13) IEC 61970、IEC 61968 标准。

(14)《计算机软件开发规范》(GB 8566)。

(15)《计算机软件可靠性和维护性管理》(GB/T 14394)。

(16)《计算机软件质量保证计划规范》(GB/T 12504)。

(17) 其他有关的现行标准。

以上标准全部执行最新版本。

4.1.2 系统总体架构

南水北调冰情观测信息化平台系统总体架构如图 4.1-1 所示。

4.1.3 开发技术选型

系统设计采用面向服务的 B/S 架构和模块化设计思想，为可扩展的开放式系统架构，对建立的应用系统和开发工具进行横向和纵向集成，降低软件的耦合度；对数据展现和业务逻辑、平台支撑和业务应用、模型和数据进行分离，提高软件的可靠性。各应用系统功能通过模块式实现，系统共分为 5 个层次，分别为用户服务层、系统应用层、硬件资源层、数据资源层和网络通信层，如图 4.1-2 所示。

1. 前端展现

数据可视化展示采用 ECharts，这是一个使用 JavaScript 实现的开源可视化库，它可以流畅地运行在 PC 端和移动设备上，兼容当前包括 IE、Chrome、Firefox、Safari 等在内的绝大部分浏览器，底层依赖轻量级的矢量图形库 ZRender，提供直观的、交互丰富的、可高度个性化定制的数据可视化图表。其具有以下特性：①丰富的可视化类型；②多种数据格式无须转换直接使用；③千万数据的极速渲染。

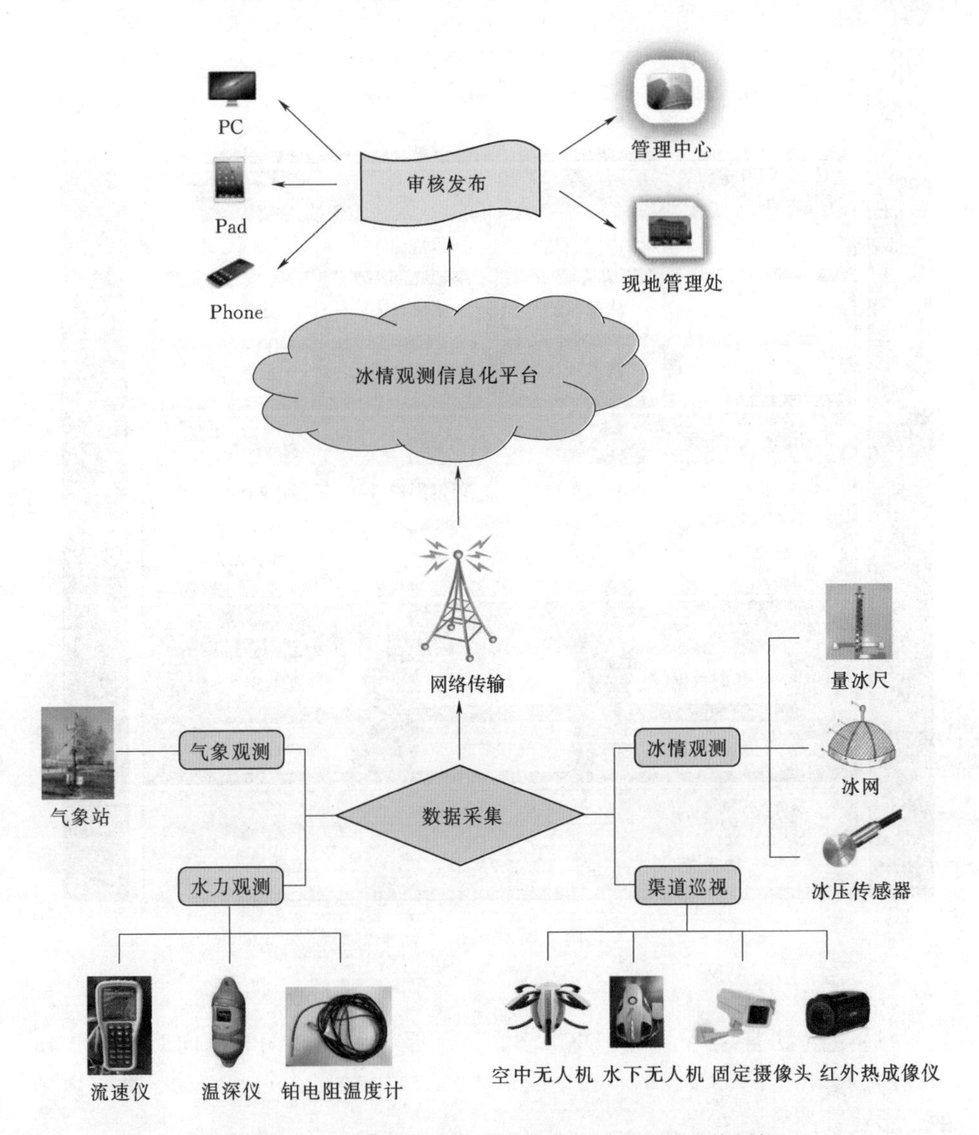

图 4.1-1 南水北调冰情观测信息化平台系统总体架构

前端框架 UI 采用 layui。这是一款采用自身模块规范编写的前端 UI 框架，遵循原生的 HTML/CSS/JS 书写方式。它虽然外在极简，但是内容丰富，里面包含众多组件，从核心代码到 API 都非常适合界面的快速开发。事实上 layui 更多是面向于后端开发者，而且它还拥有自己的模式，更加轻量和简单。layui 构架的优点包括：①属于轻量级框架，简单美观；②适用于开发后端模式，在服务端页面上有较好的展示效果；③基于 DOM 驱动，当不涉及交互时，是提供给后端开发人员最好的 UI 框架。

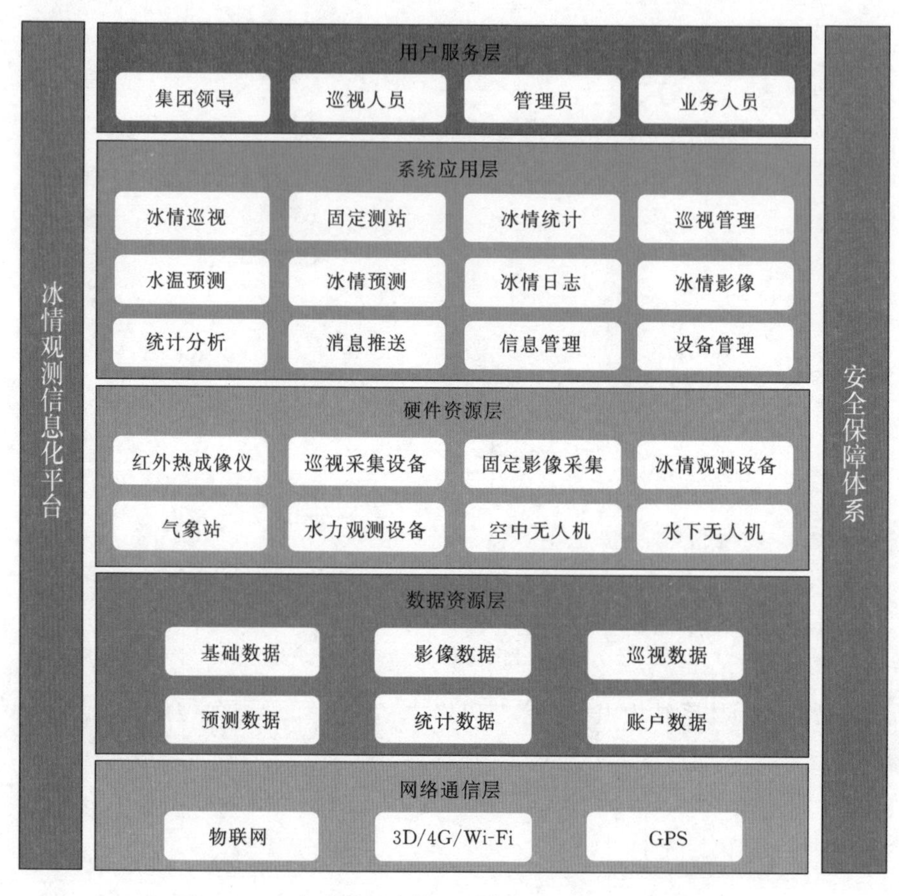

图 4.1-2 南水北调冰情观测信息化平台系统层次架构

2. 后端服务器

(1) 编程语言采用 Java JDK 1.8。Java 是一种简单的、面向对象的、分布式的、解释型的、健壮的、安全的、体系结构中立的、可移植的、性能优异的、多线程的静态语言。

1) Java 语言是简单的。Java 语言的语法与 C 语言和 C++语言很接近，使得大多数程序员很容易学习和使用。此外，Java 语言丢弃了 C++中很少使用的、很难理解的特性。Java 语言不使用指针，并提供了自动的废料收集，程序员不必为内存管理而担忧。

2) Java 语言是面向对象的。Java 语言提供类、接口和继承等原语，为了简单起见，只支持类之间的单继承，但支持接口之间的多继承，并支持类与接口之间的实现机制（关键字为 implements)。Java 语言全面支持动态绑定，而 C++语言只对虚函数使用动态绑定。

3）Java 语言是分布式的。Java 语言支持 Internet 应用的开发，在基本的 Java 语言应用编程接口中有一个网络应用编程接口（java net），它提供了用于网络应用编程的类库，包括 URL、URLConnection、Socket、ServerSocket 等。Java 的 RMI（远程方法激活）机制也是开发分布式应用的重要手段。

4）Java 语言是解释型的。Java 程序在 Java 平台上被编译为字节码格式，然后可以在实现这个 Java 平台的任何系统中运行。在运行时，Java 平台中的 Java 解释器对这些字节码进行解释执行，执行过程中需要的类在连接阶段被载入到运行环境中。

5）Java 语言是健壮的。Java 语言的强类型机制、异常处理、废料的自动收集等是 Java 程序健壮性的重要保证。而且 Java 的安全检查机制使得 Java 语言更具健壮性。

6）Java 语言是安全的。由于 Java 语言通常被用在网络环境中，因此它提供了一个安全机制用以防止恶意代码的攻击。除了 Java 语言具有的许多安全特性以外，它对通过网络下载的类具也有一个安全防范机制（类 ClassLoader），如分配不同的名字空间以防替代本地的同名类、字节代码检查，并提供安全管理机制（类 SecurityManager）让 Java 语言应用设置安全哨兵。

7）Java 语言是体系结构中立的。Java 程序（后缀为 java 的文件）在 Java 平台上被编译为体系结构中立的字节码格式（后缀为 class 的文件），然后可以在实现这个 Java 平台的任何系统中运行。这种途径适合于异构的网络环境和软件的分发。

8）Java 语言是可移植的。这种可移植性来源于体系结构中立性，另外，Java 语言还严格规定了各个基本数据类型的长度。Java 系统本身也具有很强的可移植性，Java 编译器是用 Java 语言实现的，Java 语言的运行环境是用 ANSI C 实现的。

9）Java 是性能优异的。与那些解释型的高级脚本语言相比，Java 是高性能的。Java 的运行速度随着 JIT（Just－In－Time）编译器技术的发展越来越接近于 C++。

10）Java 语言是多线程的。在 Java 语言中，线程是一种特殊的对象，它必须由 Thread 类或其子（孙）类来创建。通常有两种方法来创建线程：其一，使用型构为 Thread（Runnable）的构造子将一个实现了 Runnable 接口的对象包装成一个线程；其二，从 Thread 类派生出子类并重写 run 方法，使用该子类创建的对象即为线程。Thread 类已经实现了 Runnable 接口，因此，任何一个线程均有它的 run 方法，而 run 方法中包含了线程所要运行的代码。线程的活动由一组方法来控制。Java 语言支持多个线程的同时执行，并提供多线程之间的同步机制（关键字为 synchronized）。

（2）关系型数据库 MySQL 5.7。MySQL 数据库体积小、速度快、总体拥有成本低、开放源代码、应用广泛，一般中小型网站的开发都选择 MySQL 作为网站数据库。MySQL 5.7 数据库的特点如下：

1）使用 C 语言和 C++语言编写，并使用多种编译器进行测试，保证源代码的可移植性。

2）支持 AIX、FreeBSD、HP-UX、Linux、Mac OS、NovellNetware、OpenBSD、OS/2 Wrap、Solaris、Windows 等多种操作系统。

3）为 C、C++、Python、Java、Perl、PHP、Eiffel、Ruby 和 Tcl 等多种编程语言提供了 API。

4）支持多线程，充分利用 CPU 资源。

5）优化的 SQL 查询算法能有效地提高查询速度。

6）既能够作为一个单独的应用程序应用在客户端服务器网络环境中，也能够作为一个库嵌入其他的软件中。

7）提供多语言支持，常见的编码如中文的 GB 2312、BIG 5，日文的 Shift_JIS 等都可以用作数据表名和数据列名。

8）提供 TCP/IP、ODBC 和 JDBC 等多种数据库连接途径。

9）支持大型的数据库，可以处理拥有上千万条记录的大型数据库。

10）支持多种存储引擎。

（3）非关系型数据库 Redis。Redis 是一个开源的使用 ANSI C 语言编写、遵守 BSD 协议、支持网络、可基于内存亦可持久化的日志型 Key-Value 数据库，并提供多种语言的 API。它通常被称为数据结构服务器，值可以是 set、zset、list、hash、string 这 5 种类型。Redis 数据库的特点如下：

1）支持多种数据类型。Redis 支持 set、zset、list、hash、string 这 5 种数据类型，操作方便。如果在做好友系统，查看自己的好友关系，采用其他的 key-value 系统，必须把对应的好友拼接成字符串，然后在提取好友时，再把 value 进行解析，而 redis 则相对简单，直接支持 list 的存储（采用双向链表或者压缩链表的存储方式）。

2）持久化存储。Redis 使用 RDB 和 AOF 做数据的持久化存储，储存数据的同时生成 rdb 文件，并利用缓冲区添加新的数据更新操作做对应的同步。

3）性能良好。由于是全内存操作，所以读写性能好，可以达到 10W/s 的频率。

（4）Spring Security 安全框架。它是一个能够为基于 Spring 企业应用系统提供声明式安全访问控制解决方式的安全框架，简单说就是对访问权限进行控制，应用的安全性包括用户认证（Authentication）和用户授权（Authorization）两部分。用户认证指的是验证某个用户是否为系统中的合法主体，也就是说用户能否访问该系统。用户授权指的是验证某个用户是否有权限执行某个操作。在一个系统中，不同用户所具有的权限是不同的。Spring Security 的核心功能为认证和授权，所有的架构也是基于这两个核心功能去实现的。

（5）Spring Task 定时器。Spring Task 支持线程池，可以高效地处理许多不同的定时任务。同时，Spring 还支持使用 Java 自带的 Timer 定时器和 Quartz 定时框架。

4.2 系统特点

根据功能需要，南水北调冰情观测信息化平台具有以下特点：

（1）开放性。软件系统的开放性主要表现在几个方面：①项目新增观测内容可扩充，即工程项目后期增设的数据能够方便地扩充进来并且实现数据存储和调用等多项功能；②客户端数量较大，满足较多人员操作需求；③通过不同途径取得的项观测数据、巡视记录、冰情影像等资料易于存储和调用。

（2）可扩展性。系统总体架构设计完全是基于分层结构的设计思想，确保网络基础设施层、安全层、应用支撑层和应用层结构均可根据业务需要进行灵活扩展。

（3）界面友好性。针对项目开发的平台、应用软件或是微信公众号，均遵循界面友好、便于操作的原则，充分考虑用户的使用习惯，使数据处理工作简单、方便、快捷。

（4）个性化和灵活性。系统具备一定的个性化和灵活性特点，充分考虑方便性、灵活性和个性化之间的平衡。在平台配置、工作业务流程定义、模型定制等方面能灵活构建，适应业务需求的不断变化，保证业务系统的可扩展性，最大限度地发挥支撑平台的作用。

（5）可用性。系统建设满足项目需求的可用性要求。系统基于浏览器界面，操作快捷、内容丰富；提供多种提醒功能，简化用户操作；提供完善的帮助系统，满足各类用户对系统的要求。

（6）可管理性。可管理性是整个系统能否具有持久生命力的重要体现。充分考虑到系统软硬件及网络运行的实际情况，在系统设计上采用易于管理和维护的系统平台。

应用软件系统本着安装简单、易于操作的原则，为系统管理人员提供可视化的管理维护界面，使得系统管理、数据管理、数据维护更加方便，数据备份及数据恢复快速简单。

（7）安全性。在安全管理方面，该系统对数据的来源和存储、用户的权限、网络的配置等方面均做了相应的限制，冰情观测信息化平台系统安全管理架构如图 4.2-1 所示。

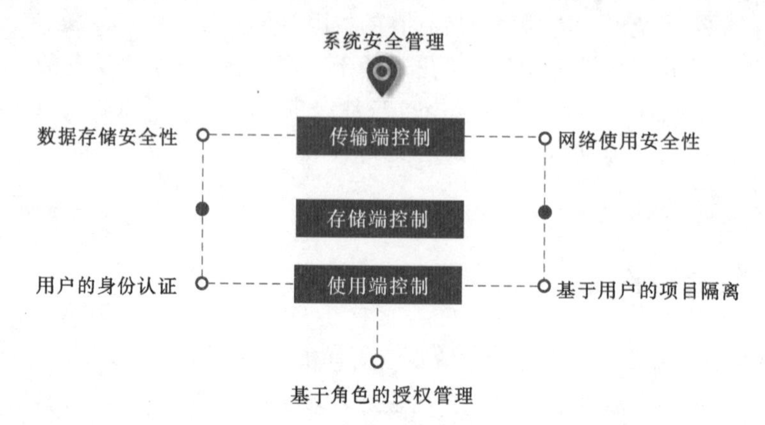

图 4.2-1 冰情观测信息化平台系统安全管理架构

1）数据存储安全性。针对不同类型数据，采用不同的安全策略，对于账号信息采用加密存储，即使黑客入侵也不能直接获取用户的密码，而一般重要数据采用明文存储。

2）数据来源安全性。每个测站的观测数据均由专门配置的 1 台计算机上传至云平台，不能从其他服务器上传数据，这样可以确保数据来源的安全性。

3）用户的身份认证。采用加密的身份认证策略，即只有合法取得身份认证的用户才能访问系统。

4）基于用户的站点隔离。不同的用户，拥有不同测站的访问权限，对于没有某测站访问权限的用户不能查看相应的数据资料。

5）基于角色的授权管理。对进入系统的每个用户设置相应的角色，每个角色由系统管理员指定权限，只有获得相应权限的用户才能使用特定功能。

（8）可靠性。平台具有稳定性和可靠性，确保 7×24h 运行；系统的可使用率每年最低不能少于总运行时间的 99.9%，系统高峰时 CPU 占用率不能持续 1min 超过 80%。系统的建设满足项目需求的易用性要求。

可靠性要求通过设备、软件系统和网络系统等协同进行保障。采取如下措施保证系统数据的完整性和一致性：

1）做到事务的完整性处理或交付。对于存储到数据库中的信息，要么完整存储，要么不存储。

2）对于远程的数据更新，当出现线路或其他故障时，系统提供断点恢复和数据的完整性检验功能。

3）系统提供运行故障（如断电或死机）所导致的数据不一致性的恢复措施。

4）系统保证数据备份和恢复的完全一致性。

5）系统可实现无人干预的联机备份或定时自动存盘功能。

4.3 操作指南

4.3.1 登录与账户

1. 登录地址

（1）首先，打开网页浏览器，推荐火狐、谷歌、IE浏览器，如图4.3-1所示。

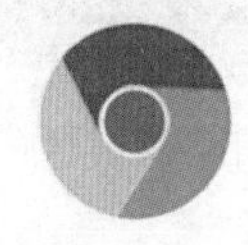

图4.3-1 冰情观测信息化平台登录环境

（2）在网址栏输入“http：//www.gcwljy.com：8080/”，然后打开页面，如图4.3-2所示。

图4.3-2 冰情观测信息化平台登录网址

2. 登录账号

（1）输入登录账号和密码，滑动验证即可登录，如图4.3-3所示。

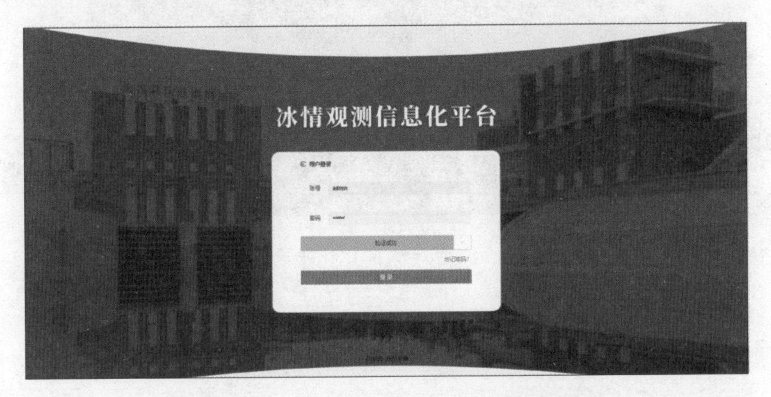

图4.3-3 冰情观测信息化平台登录页面

(2) 如还没有账号，可联系系统管理员添加账号。

(3) 账户密码修改。建议每个用户在首次登录后修改初始密码，如图4.3-4所示。

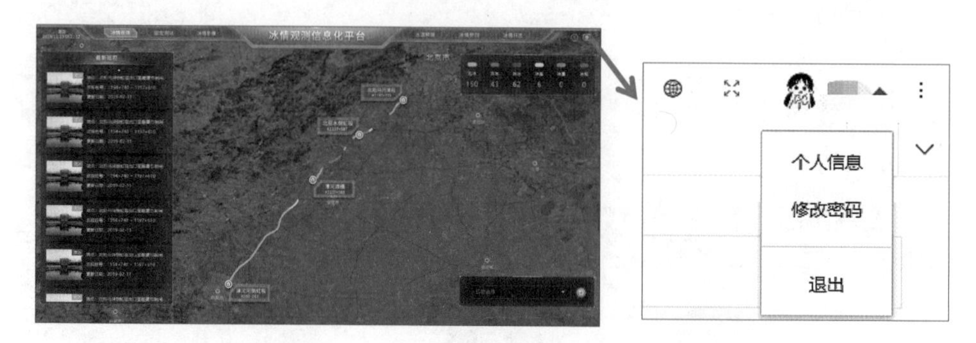

图4.3-4 冰情观测信息化平台密码修改

4.3.2 系统操作指南

1. 功能说明

冰情观测信息化平台初始界面包括导航栏、地图、输水线路、巡视信息、图例及日期选择框，如图4.3-5所示。

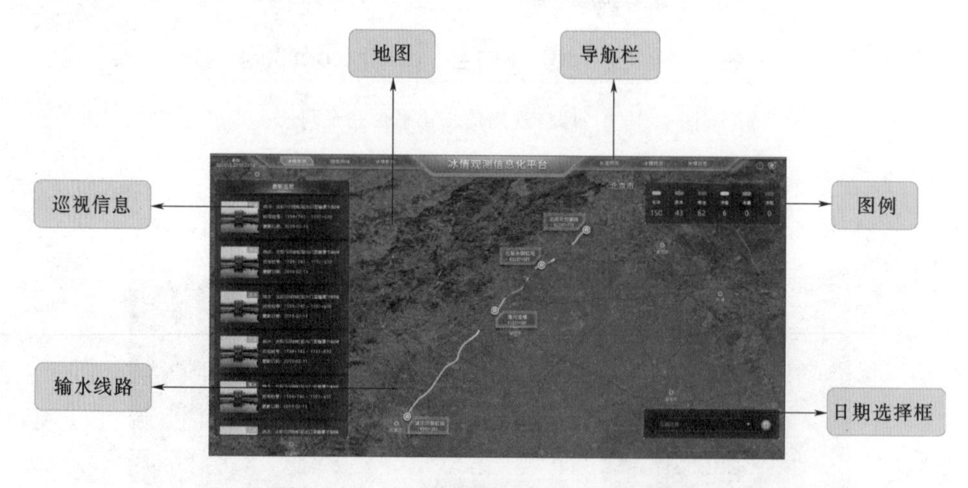

图4.3-5 冰情观测信息化平台功能说明

2. 导航栏

导航栏主要包括冰情观测、固定测站、冰情影像、水温预测、冰情预测及冰情日志六大功能模块，如图4.3-6所示。

图 4.3-6 冰情观测信息化平台导航栏模块

3. 地图控制

通过鼠标左键可以控制地图平移，滑动滚轮可以对地图进行缩放，利用该功能可查看某一渠段的重要建筑物位置桩号及其相应的冰情分布情况，如图 4.3-7 所示。

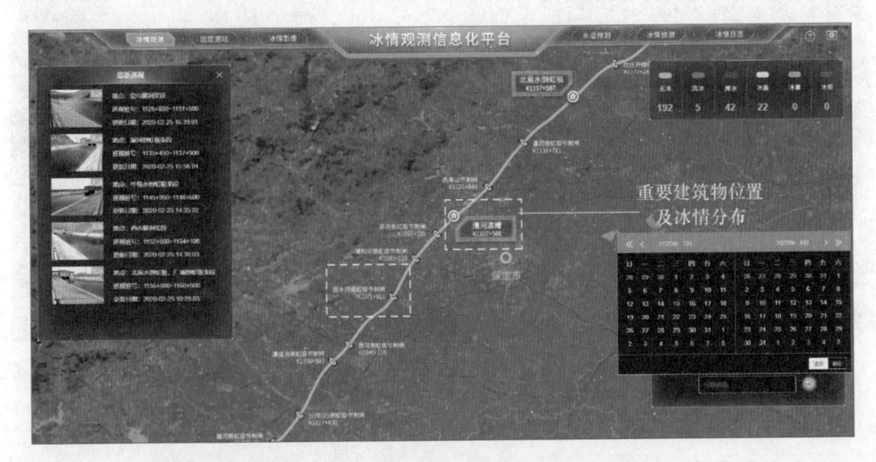

图 4.3-7 冰情观测信息化平台地图控制

4. 输水线路

沿线输水线路用不同颜色展示渠道冰情分布状态，点击输水线，可以在巡视信息栏查看该渠段最新冰情信息，如图 4.3-8 所示。

图 4.3-8 冰情观测信息化平台查看沿线冰情

5. 图例

图例中不同颜色对应不同冰情现象，点击某一冰情现象，输水线路将突出显示该冰情的分布情况，并在左侧展示详细信息列表，显示内容包括渠段起止桩号、冰情发生时间及具体冰情现象的描述等，如图 4.3－9 所示。

图 4.3－9　冰情观测信息化平台冰情图例展示

4.4　主要功能介绍

南水北调冰情观测信息化平台的建立主要是为了增强观测数据展示效果、提高冰情信息发布效率等，如图 4.4－1 所示，具体功能包括以下几方面：

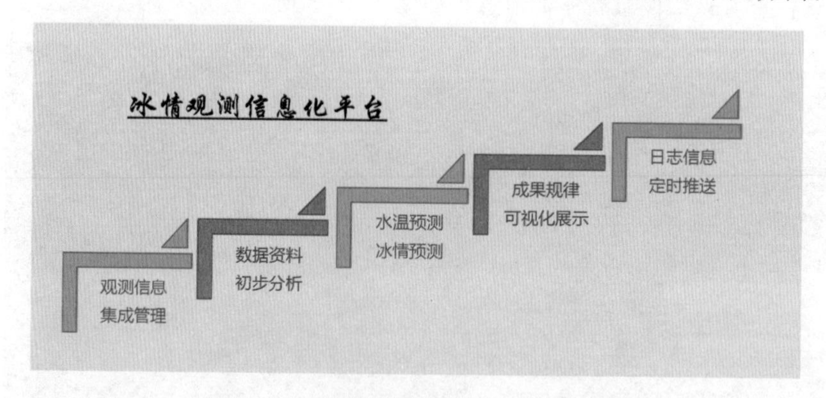

图 4.4－1　冰情观测信息化平台主要功能

（1）气象、水力、冰情等观测项目的数据集成化管理。

（2）观测数据的整编和初步分析。

（3）固定监控设备、空中无人机、水下无人机等影像资料的在线展示。

（4）最低水温预测和冰情预测。

（5）观测成果的可视化展示。

（6）通过移动终端向运行管理者推送冰情信息。

4.4.1 观测数据集成化管理

数据的集成化管理是采用先进的移动和物联网技术，将多种来源的观测数据和相关记录进行采集和存储，并在基于网络开发的系统平台上进行展示，极大地方便工作人员在不同地点、不同时间进行数据传输和查询，同时实现数据的审核和校核等功能。

南水北调冰情观测信息化平台的数据源主要包括各测站气象站的采集信息、水力观测数据、冰情观测数据、冰情巡视记录等。对数据源进行集成化管理，其核心程序是实现云存储，随时通过互联网进行调用，监测信息的数据库存储在容量较大的云空间，各协作者的操作或者中间结果均能够在平台展示，便于交流互动和讨论。如图4.4-2所示，观测数据的集成管理主要包括以下3个层次：

（1）采集不同数据源的观测数据，上传至云平台。

（2）对观测数据进行审核，确保数据的可靠性。

（3）观测数据的整编和可视化展示。

图4.4-2 观测数据的集成管理流程

1. 数据采集

南水北调冰情观测信息化平台数据采集有自动采集和人工上传两种形式。自动采集是指程序定时采集气象观测数据、在线水温监测数据、实时视频监控数据等并上传到云端，发布到系统平台；人工上传是指对于人工观测的水力观测数据、冰情观测数据和一系列的影像资料等可以通过PC端进行手动上传，同步到云端存储库，再发布到系统平台。

自动化数据采集是系统根据设置的控制参数（采集频次、采集时间等）定时定点采集数据并上传至云平台。通常系统设定的数据采集频次为1次/h，数据集成到系统平台，并展示观测数据成果（测值历史过程线和数据初步分析结果），如图4.4-3所示。

现场人工测量记录的数据可以通过PC端手动上传，其中水力观测数据（图4.4-4）、冰情观测数据需将记录表格整理为规范格式进行批量上传，巡视记录可以在云平台直接填写信息和添加图片（图4.4-5）。

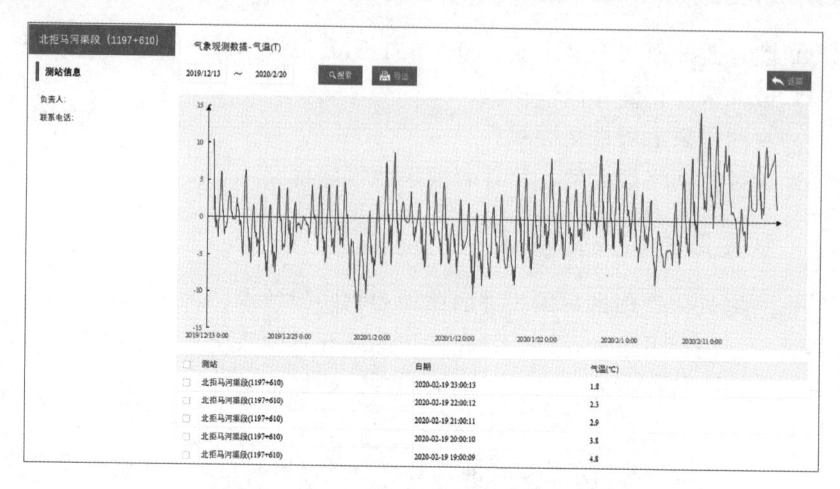

图4.4-3 自动采集的观测数据成果展示

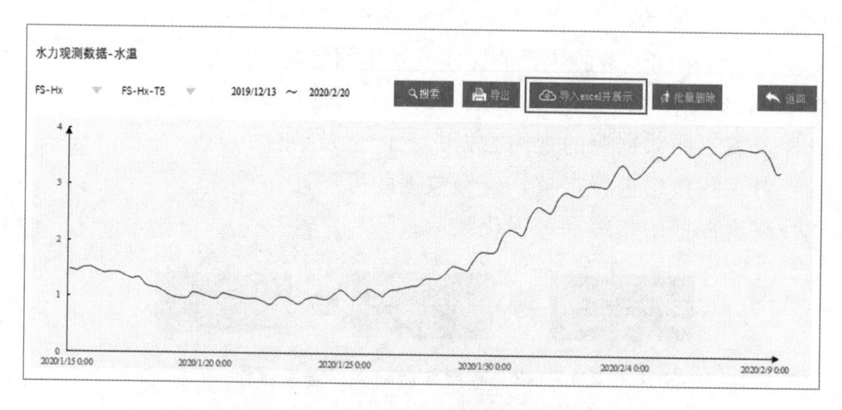

图4.4-4 水力观测数据的上传

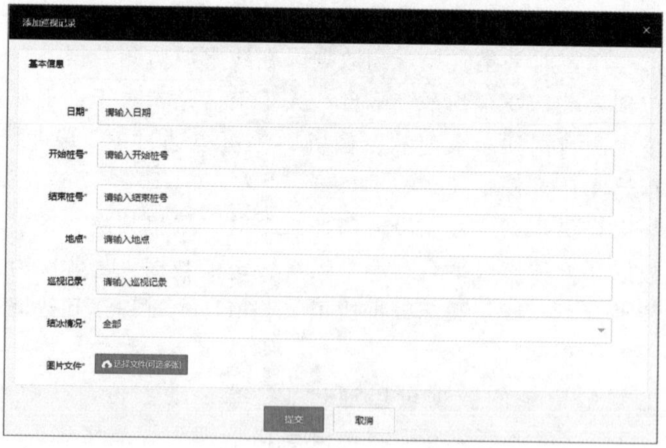

添加巡视记录

基本信息

日期* 请输入日期

开始桩号* 请输入开始桩号

结束桩号* 请输入结束桩号

地点* 请输入地点

巡视记录* 请输入巡视记录

结冰情况* 全部

图片文件* 选择文件(可选多张)

提交 取消

图4.4-5 巡视记录的上传

除PC端进行数据上传外，为方便冰情巡视人员随时、随地上传巡视信息，开发了“冰情巡视”APP，如图4.4-6所示。

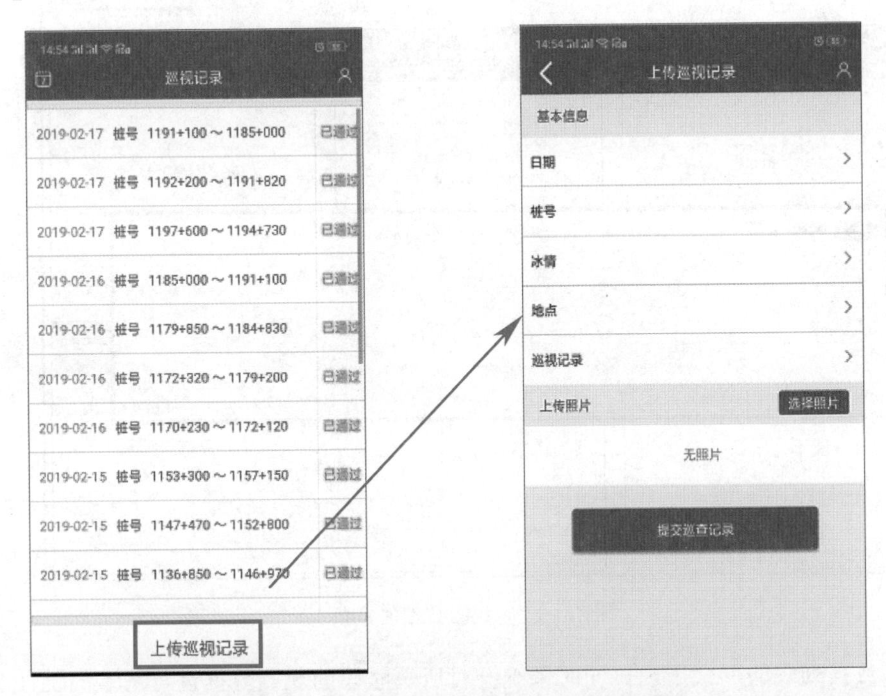

图4.4-6 “冰情巡视”APP上传巡视信息

巡视人员登录账号后，可以看到历史上传的巡视信息的审核情况，点击下方“上传巡视记录”，会弹出需要填写的巡视内容，填写完成后点击“提交巡查记录”，此次巡视信息便会同步至云平台。

2. 数据处理

监测数据实时传输进入在线管理平台，首先要对采集数据的完整性、真实性和可靠性进行判断。系统平台可对自动采集的数据进行预处理（数据真实性和可靠性的判定），满足要求的观测数据可以传输至平台，不满足要求的观测数据应进行剔除或补测等处理，对于系统未识别的错误数据可进行人工修正。手动上传的数据同样适用此数据判别的流程。审核流程如图4.4-7所示。

3. 数据可视化展示

不同来源的数据经过采集、审核后可以在云平台进行展示。固定测站界面显示各测站重要观测项目（气温、水温、流速、风速风向、太阳辐射强度）的最新数据信息（图4.4-8）；选中某一测站，可以查看该测站所有的观测项目和详细的观测数据（图4.4-9），在具体观测项目页面（如气象观测中的气温观测项目），可以设定时段查询该区间的观测数据，查询结果会以观测过程曲

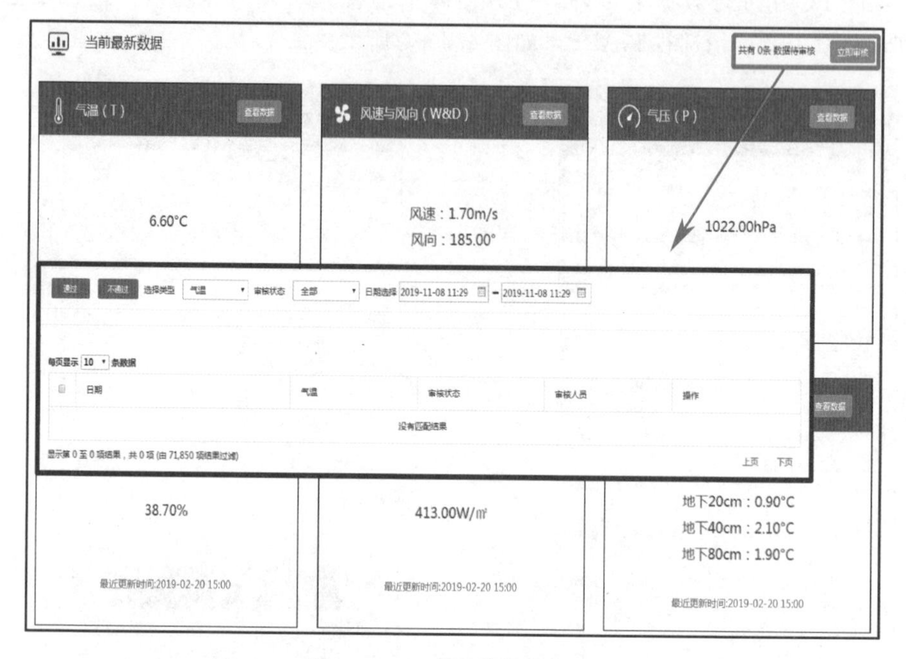

图 4.4－7　观测数据的审核

线和数据列表的形式展现，同时系统会对所选时段的观测数据进行基本的统计分析，计算平均值、最大值、最小值等特征值。

图 4.4－8　固定测站观测数据的在线展示

巡视检查结果以冰情分布图的形式进行展示，输水线路上的不同颜色代表不同的冰情现象，通过冰情分布图使沿线冰情一目了然，如图 4.4－10 所示。

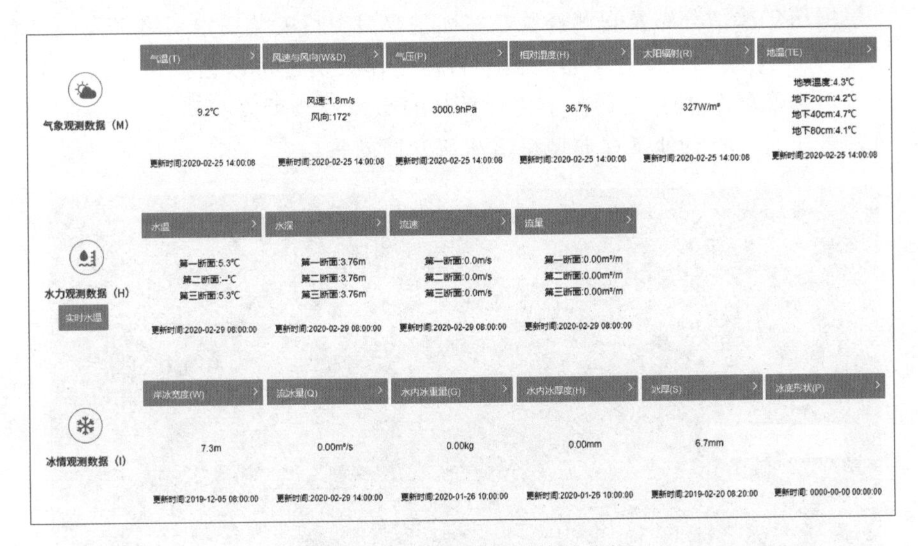

图 4.4-9　观测数据的统计分析

在巡视检查详情页面，用户可以根据日期、桩号、冰情类型等条件筛选查询对应的冰情巡视信息，并在权限范围内进行编辑、删除等操作。

图 4.4-10　巡视检查信息的在线展示

4.4.2　冰情影像资料展示

冰情影像资料主要包括手机摄像、无人机航拍影像、水下影像、热成像影像、固定网络摄像机拍摄影像等，将不同来源、不同渠段的影像数据集中在云平台进行展示，使运行管理者通过影像资料更全面地了解现场冰情现象。

根据历年冰情分布及观测经验，在冰情易发渠段安装固定网络摄像机。系统设置每 1h 采集 1 张图片上传至云平台，工作人员也可以根据实际需求随时获取冰情影像（图 4.4－11）。上传到平台的影像资料可以在列表中进行查询，使管理者实时、充分地掌握典型渠道冰情发展动态。

图 4.4－11　固定监控设备影像展示

观测人员使用空中无人机、水下无人机、热成像仪等拍摄的影像资料可以传输到系统平台（图 4.4－12），成功上传的影像资料会在渠道上以不同标识显示，相关工作人员和业主管理人员通过点击相应标识进行查看（图 4.4－13、图 4.4－14）。详细信息可以在影像资料列表中输入不同筛选条件进行浏

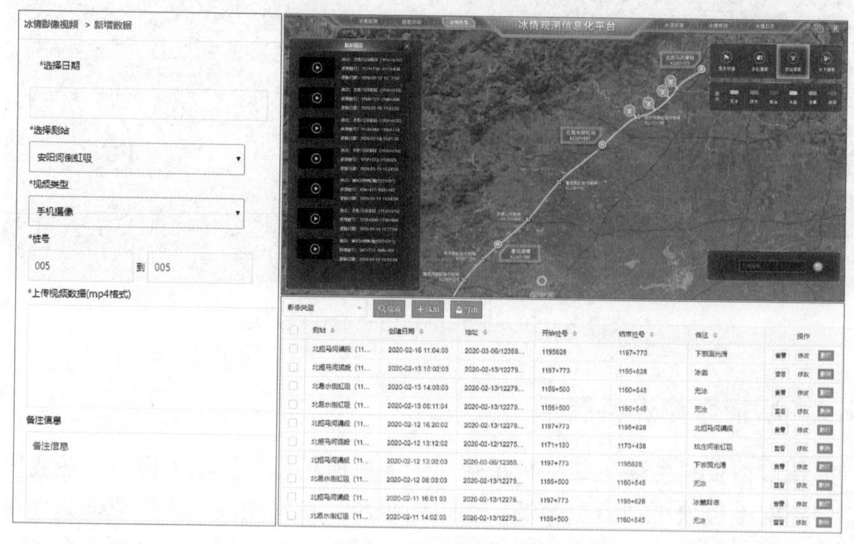

图 4.4－12　影像资料的上传

览，在权限范围内可进行编辑、删除等操作。

图 4.4-13　无人机航拍影像展示

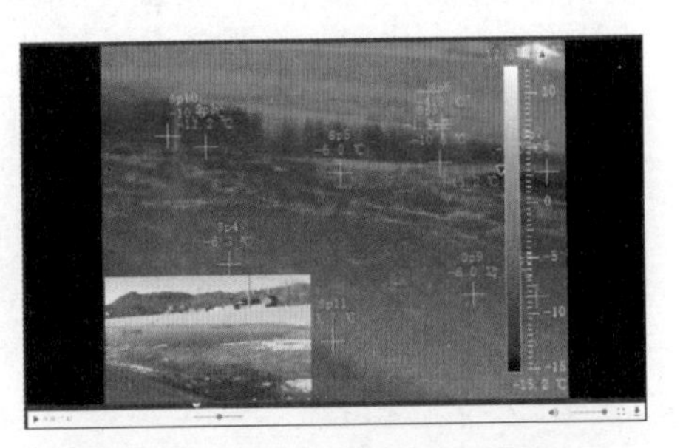

图 4.4-14　热成像仪影像展示

4.4.3　水温与冰情预测机制

在南水北调中线工程冰情观测期内，基于冰情原型观测数据，针对北拒马河渠段和漕河渡槽测站采用统计学方法建立了最低水温预测模型和冰情预测模型。通过在冰情观测工作中的应用验证，结果表明模型预测效果较好，在南水北调中线工程冰情观测工作中起到了指导作用。

1. 最低水温预测模型

最低水温预测模型是根据预测日前一日最低水温、预测日最低气温和预测日气温差 3 个参数进行预测。系统平台每日从中国气象局发布的天气预报信息中获取预测日气温信息，结合现地观测站上传的水温观测数据，对最低水温进行预测，并在左侧展示框显示预测信息，如图 4.4-15 所示。

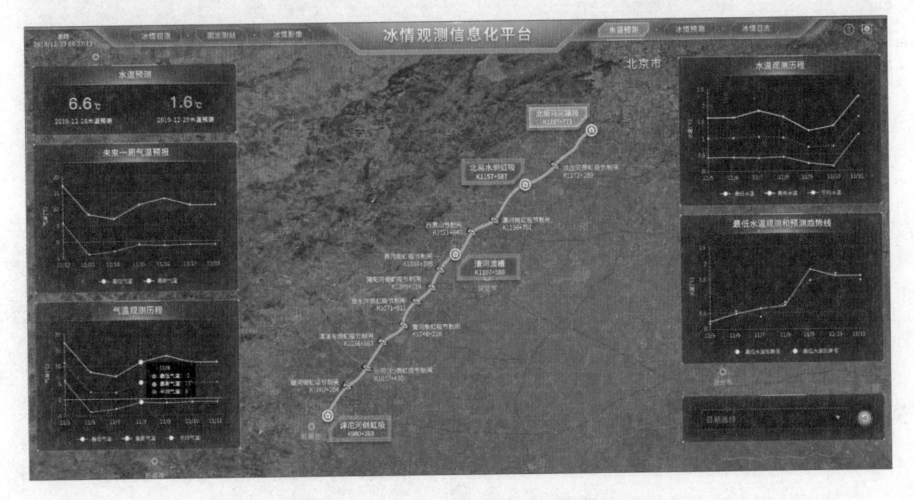

图 4.4-15　最低水温预测模型

系统将未来一周气温预报、水温观测历程、气温观测历程、最低水温观测和预测趋势线以图表方式在云平台展现。通过天气预报信息可以及时了解渠道沿线的气温变化，如有强降温天气出现，可提前采取相应措施防止冰灾、冰害的发生。气温和水温观测历程可以清晰地展示选定时段内的气温和水温变化过程，并对气温和水温的特征值及其相互间的联系有一定的把握。最低水温观测与预测趋势线直观地展示了预测的最低水温值与实测最低水温值的差异，如实地反映了水温预测模型的精度；若预测值持续出现较大偏差，相关技术人员可及时查找原因并调整模型参数。

2. 冰情预测模型

冰情预测模型的建立是依据南水北调中线工程冰情生消特点及历年观测经验确定不同冰情（岸冰、流冰、冰盖等）发生时对应的最低水温及负积温的临界值，将坐标系划分为不同的冰情区域，如图 4.4－16 所示。

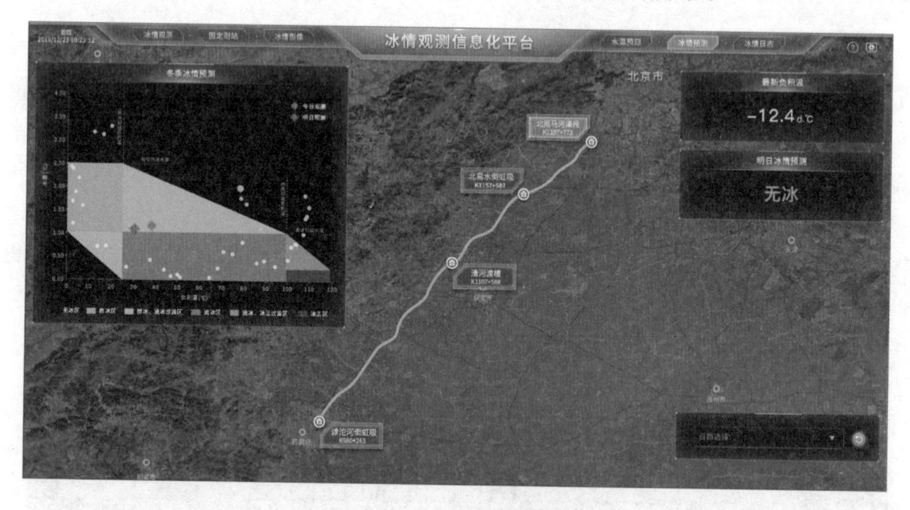

图 4.4－16　冰情预测模型

冰情预测模型的基本思路：利用最低水温预测模型预测的最低水温值和中国气象局发布的天气预报信息预测未来的负积温值这两个控制参数确定冰情类型。在冰情预测平面坐标系中，最低水温值和负积温值确定 1 个点，落入相应的冰情区域中，即为预测的冰情。对于历史观测的冰情数据也散落在该坐标系中，可以清楚明了地看出冰情预测模型的精确度。

4.4.4　冰情日志与信息推送

为使运行管理者更加及时和方便地了解渠道主要站点的水温和冰情发展趋势，尽早采取措施、制定防治冰灾预案，云平台开发了冰情日志模块和信息推送功能，如图 4.4－17 所示。

冰情日志模块包含“今日冰情概况”和“明日冰情预测”两方面内容。“今

图 4.4－17　冰情日志模块展示

日冰情概况”包括今日气温、观测水温、水深、流速、流量以及今日冰情；“明日冰情预测”包括明日最低水温预报和冰情预报信息。系统自动生成冰情日志，工作人员对日志进行审核，通过审核的日志将会每日定点由“南水北调冬季冰情”微信公众号推送至移动终端（图 4.4－18），向主要管理者呈现今日冰情概况以及明日冰情预测信息，在技术上为南水北调冬季输水顺利完成提供保障。

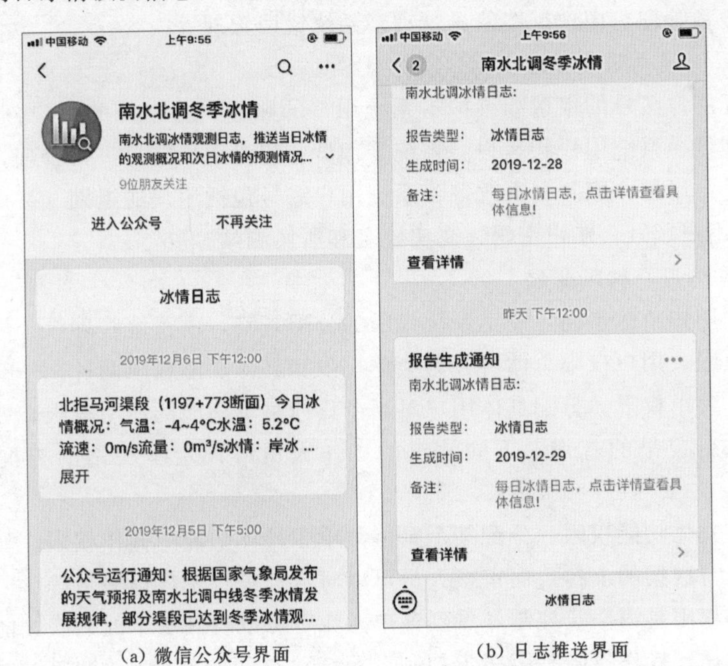

（a）微信公众号界面　　　　（b）日志推送界面

图 4.4－18　南水北调冬季冰情公众号

冰情日志与信息推送模块的具体功能设计包括以下几点：

(1) 审核发布。系统每日自动读取数据库相关信息生成冰情日志，授予权限的工作人员对日志数据的真实性进行审核，如发现问题可在线编辑更正相应内容。只有通过审核的日志才能定时发布至移动终端。

(2) 历史日志查看。对历史已生成的冰情日志用户可以进行查询浏览，具体方式有两种：一种是在云平台可通过“更多日志”按钮查询不同渠段的历史日志信息；另一种是在微信公众号通过选定日期进行历史日志的查询。

(3) 权限管理。对日志进行的操作权限可划分为不可看、阅读、审核、编辑、删除等。系统根据用户在冰情观测工作中的角色，指定其对冰情日志的操作权限，权限可以采用集中与单独两种分配方式。

(4) 资料备份。电子文档资料管理子系统全部采用数据库管理，用户对资料的备份只需要通过对数据库的备份即可完成。

4.5 平台管理

平台管理主要是对系统进行维护和修改，记录用户对平台的使用情况，如数据使用和操作情况等。系统管理包括系统用户账号的管理、系统用户权限分配、设备管理、用户反馈信息管理和系统错误管理等内容。

1. 系统用户账号管理

管理用户账号的申请和维护本系统用户的账号，将系统的用户分为三类：系统管理员、系统用户和客户。系统管理员有权对用户账号进行管理，对账号的内容进行增加、删除、更改等；系统用户账号包括用户的组别（按用户角色划分）、用户账号、账户密码、真实姓名和所属测站。

2. 系统用户权限分配

根据用户角色不同，制定系统权限的分配策略，由系统管理员分配系统功能调度权限，用户权限总体可分为菜单权限和具体功能权限两种。

(1) 菜单权限。分配具体用户对某个具体菜单功能的使用权限，如业主用户可以进行成果的查询，不同站点的工作人员可设定本测站的查询浏览功能等。

(2) 具体功能权限。分配某个具体菜单中具体功能的操作权限，如普通人员只能进行数据的上传，而审核人员可以对数据进行校核、编辑等。

菜单权限是第一步控制，看到菜单意味着可以看到基本的列表，能够查看所有的数据；操作权限是第二步控制，系统对界面的部分操作进行授权管理。所有的权限都是通过角色来分配的，不提供针对具体用户的权限设置。

3. 设备管理

对冰情观测中所用设备的信息进行记录，记录仪器的工作情况，以便随时掌握设备运行动态，主要包括以下三方面内容：

(1) 设备基本信息，包括设备 ID 编号、设备功能描述、安装桩号、设定的数据上传时间间隔，以及设备负责人等。

(2) 设备运行信息，包括目前设备运行状态（正常/异常）、最新数据上传时间等信息。

(3) 授予权限的工作人员可以对仪器信息进行编辑、删除等操作。

4. 用户反馈信息管理

任何系统在使用过程中，都会发现一些不足甚至漏洞。为便于各方使用人员能及时交流使用体验、完善系统功能，云平台开发了用户反馈信息管理模块。用户可以将使用过程中发现的问题，以及深入开发设想等在此模块进行提交。提交后列表中会显示反馈人员、角色、反馈日期等信息，其他工作人员可以进行查看、浏览等操作。

5. 系统错误管理

在系统运行中，可能会遇到一些错误，为了避免系统运行中断，需截获系统运行过程中的错误，对具体的系统错误，调用错误处理模块进行分析，指出系统错误的原因和分类，提出解决的办法。系统错误的内容包括时间、运行功能、运行过程以及对系统数据正确性、完整性产生的影响。

第5章

冰情观测成果与分析

冰情观测成果以分析热力、水力参数等要素之间的相关关系为基础，通过分析得出固定观测断面的水温预测模型，重点研究水温受热力、水力参数影响的变化规律及冰情发展实际状况，以准确做出冰期冰情预测，便于冰塞、冰坝等冰情灾害防治方案的研究。

本章主要采用统计学理论、神经网络概论以及支持向量机等方法对2016—2019年度冬季冰情观测数据进行处理与分析，得到各项参数之间相互影响和变化的关系，分析影响水温及冰情的主要因素，并以此为理论基础，建立了适用于南水北调中线工程的水温预测模型和冰情预测模型，取得了较好的结果。

为便于叙述，将主要名词的定义及解释列于表中，见表5-1。

表5-1　主要名词定义及解释

简称	定　义	解　　释
累积负气温	一定天数内负气温累计值	将日平均气温大于0℃的取0值，0℃以下的日平均气温按照日期累加起来的值
累积气温	一定天数内气温累计值	将日平均气温按照日期直接累加起来的值
PCA	主成分分析方法	将原有变量重新组合成一组新的相互无关的几个综合变量，同时根据实际需要从中可以取出几个较少的综合变量尽可能多地反映原来变量的信息的统计方法
SVM	支持向量机	一类按监督学习方式对数据进行二元分类的广义线性分类器
GA	遗传算法	模拟达尔文生物进化论的自然选择和遗传学机理的生物进化过程的计算模型，是一种通过模拟自然进化过程搜索最优解的方法
BP	一种神经网络算法	一种按照误差逆向传播算法训练的多层前馈神经网络

5.1 观测数据分析方法

5.1.1 统计学方法

1. 多元回归模型

设因变量 y 与一般变量 x_1，x_2，…，x_p 的线性回归模型为

$$Y=\alpha_0+\alpha_1x_1+\alpha_2x_2+\cdots+\alpha_px_p+\varepsilon \tag{5.1-1}$$

式中：ε 为随机误差；α_0，α_1，…，α_p 为 $p+1$ 个未知参数，为回归方程系数（或回归方程决策变量）；y 为因变量（或被解释变量）；x_1，x_2，…，x_p 为 p 个可控制并可以精确测量的一般变量，称为自变量（或解释变量），一般假定其满足：

$$\begin{cases}E(\varepsilon)=0\\\mathrm{var}(\varepsilon)=\sigma^2\end{cases} \tag{5.1-2}$$

称

$$E(y)=\alpha_0+\alpha_1x_1+\alpha_2x_2+\cdots+\alpha_px_p+\varepsilon \tag{5.1-3}$$

为理论回归方程。

对于每组观测数据的实际问题，回归模型可以表述为

$$\begin{cases}y_1=\alpha_0+\alpha_1x_{11}+\alpha_2x_{12}+\cdots+\alpha_px_{1p}+\varepsilon_1\\y_2=\alpha_0+\alpha_1x_{21}+\alpha_2x_{22}+\cdots+\alpha_px_{2p}+\varepsilon_2\\\qquad\vdots\\y_n=\alpha_0+\alpha_1x_{n1}+\alpha_2x_{n2}+\cdots+\alpha_px_{np}+\varepsilon_n\end{cases} \tag{5.1-4}$$

即

$$y=X\alpha+\varepsilon \tag{5.1-5}$$

对回归模型估计参数时一般需要满足以下几组假定：①因变量 y 与自变量 x_1，x_2，…，x_p 之间存在线性关系；②随机误差 ε 具有 0 均值和等方差，服从 $N(0,\sigma^2)$ 分布；③自变量 x_1，x_2，…，x_p 之间不存在较强的相关性和多重共线性。

回归模型显著性检验方式列举如下：

(1) 整体评价指标决定系数 R^2。决定系数用于评价回归函数与实际数据的拟合度，是相关系数的平方，它以残差为基础，即位移的观测值与估计值之间的离差。由于“总离差平方和”由“已解释离差平方和”与“未解释离差平方和”两部分构成，因此有

$$\sum_{n=1}^{N}(y_k-\overline{y})^2=\sum_{n=1}^{N}(\hat{y}_k-\overline{y})^2+\sum_{n=1}^{N}(y_k-\hat{y}_k)^2 \tag{5.1-6}$$

决定系数是“已解释离差平方和”与“总离差平方和”之比，记作

$$R^2=\frac{\sum_{n=1}^{N}(\hat{y}_k-\overline{y})^2}{\sum_{n=1}^{N}(y_k-\overline{y})^2} \tag{5.1-7}$$

R^2 是一个经过标准化的值，其大小在（0，1），回归模型反映的实际情况越好，“已解释离差平方和”占“总离差平方和”的比重越大，即越接近1，拟合优度越高。

由于回归自变量的个数影响着 R^2 的大小，在给定样本条件下，每增加一个回归自变量，都会增加被解释部分，使得 R^2 有很大概率变大，因此光靠 R^2 判断回归方程的优劣是不完全可靠的，还需要参考其他检验结果进行综合评价。

（2）F 统计量。R^2 代表了拟合程度，回归分析不单用于描述当前数据样本，更重要的是用于在抽样数据的基础上，研究用估计模型能否判断总体。多元回归模型中，F 检验就是看自变量 x_1，x_2，…，x_p 在整体上对因变量是否有明显影响，因此提出原假设：

$$H_0:\alpha_1=\alpha_2=\cdots=\alpha_p=0 \tag{5.1-8}$$

若被接受，说明回归模型不可靠，不能反映实际问题。构造 F 检验统计量如下：

$$F=\frac{\sum_{n=1}^{N}(\hat{y}_k-\overline{y})^2/p}{\sum_{n=1}^{N}(y_k-\overline{y})^2/(N-P-1)} \tag{5.1-9}$$

可以看到，在正态假设的前提下，原假设成立时，F 服从自由度为（P，$N-P-1$）的 F 分布。在给定的显著水平下，查 F 分布表，得临界值 $F_0(P, N-P-1)$，当 $F>F_0$ 时，拒绝原假设 H_0，即在给定显著水平 α 情况下，x_1，x_2，…，x_p 在整体上对因变量 y 有显著的线性回归关系；反之，回归结果不显著。

（3）t 统计量。多元回归中，即便回归方程十分显著，但是并不代表所有自变量 x_1，x_2，…，x_p 对因变量 y 都有显著影响性，那么要剔除次要的、可有可无的变量，就需要对每个自变量进行显著性 t 检验。构造 t 统计量：

$$t=\frac{b_p-\alpha_p}{s_{bp}} \tag{5.1-10}$$

式中：α_p 为回归系数真值（未知）；b_p 为第 p 个回归自变量的回归系数；s_{bp} 为剩余标准差。

在零假设的前提下，t 统计量的计算就是自变量的回归系数除以其剩余标

准差，并且 t 统计量服从均值为 0 的 t 分布。同理查 t 分布表得到临界值 t_0。若 $t>t_0$，拒绝原假设，认为 x_p 对 y 的影响显著，反之应当剔除。

(4) 回归系数标准化。根据监测数据得到的回归模型，在统计学上满足了基本要求之后，还需要研究每个变量的系数是否反映了实际的物理问题。回归系数说明自变量的变化对因变量有边际作用，除非量纲相同，否则回归系数不能作为衡量变量重要性的标准。回归系数相比较的方法是将他们标准化：

$$x_{ij}^* = \frac{x_{ij} - \overline{x}_j}{\sqrt{L_{jj}}} \qquad i=1,\cdots,n; j=1,2,\cdots,p \tag{5.1-11}$$

$$y_i^* = \frac{y_i - \overline{y}_j}{\sqrt{L_{yy}}} \qquad i=1,2,\cdots,n \tag{5.1-12}$$

其中

$$L_{jj} = \sum_{i=1}^{n}(x_{ij} - \overline{x}_j)^2 \tag{5.1-13}$$

综上所述，得出对当前回归结果系数进行标准化的表达式为

$$\beta_j^* = \frac{\sqrt{L_{jj}}}{\sqrt{L_{yy}}}\hat{\beta}_j \qquad j=1,2,\cdots,p \tag{5.1-14}$$

回归分析的实际运用中，导致效应集的荷载集因素众多。为了尽可能地表达事物之间的因果关系，防止遗漏某些重要因素，需罗列出所有的影响因素作为变量。以冰情数据统计为例，选取气温、时间、流速等影响因素常常包括十多个甚至几十个因子。可是这又会带来变量之间的相关性以及多重共线性等问题，不仅加大了计算量，而且得到的回归方程的稳定性和精度也极差，直接影响实际应用。因此，需要对荷载集进行优化筛选，以提高位移回归模型的拟合优度与预测精度。

2. 逐步回归模型

逐步回归的基本方法是，从一个自变量开始，按其对因变量作用的显著程度逐个引入回归方程，对引入的变量要进行逐个检查，每一步都要做统计检验（F 检验），效应显著的自变量留在回归方程内，然后继续选择下一个自变量。以保证引入新的显著因子之前，回归方程只包含显著因子。由于新自变量的引入，原已引入方程中的自变量由于变量之间的相互作用可能变得不再显著，经统计检验确证后要随时将其从方程中剔除，只保留效应显著的自变量。直至不再引入和剔除自变量为止，经过若干步得到“最优”变量子集。

逐步回归的数学模型为

$$y = \beta X + \varepsilon \tag{5.1-15}$$

式中：y 为效应集；X 为影响集；β 为影响集系数，即回归系数；ε 为随机误差。

设有 k 个自变量 x_1，x_2，…，x_k，有 n 组观测数据（y_i，x_{i1}，x_{i2}，…，

x_{ik})，$i=1，2，\cdots，n$，则有

$$Y=\beta_0+\beta_i X_i+\varepsilon \qquad i=1,2,\cdots,p \tag{5.1-16}$$

逐步回归方法的计算中自变量的选择可以看作对一个实际问题是用全部变量模型还是用部分变量模型去描述。由前面的多元回归理论可以看到，并不是所有的自变量对因变量 y 都有显著影响，这就意味着应当重视挑选自变量的问题。当有 k 个自变量的时候，所有可能回归变量子集可以构成 2^k-1 个回归方程，当可供选择的自变量不多时，可以一一求解，利用统计准则挑出最优回归方程。但实际却往往较为繁复，此次计算冰期水温的影响因素，包括了数十种荷载集，要求计算出所有可能的回归方程是不现实的。

逐步回归本着"有进有出"的思想，将变量逐一引入，每引入一个变量的同时，对当前引入变量和已入选的变量也要进行再筛选。也就是说当原回归方程变量集由于新变量集的引入之后变得不再"显著"时，必须将其剔除，而这种再检验的机制就是 F 统计量。逐步回归方法每引入一个新变量后，对已入选回归模型的老变量逐个进行检验，将经检验认为不显著的变量删除，以保证所得自变量子集中每一个变量都是显著的。此过程经过若干步直到不能再引入新变量为止，这时回归模型中所有变量对因变量都是显著的。

一般来说，逐步回归法选择变量的过程存在两个方向：①从模型中剔除经检验不显著的变量；②引入新变量进入模型中，检验新变量是否显著。如此往复，可以达到指标筛选的目的，得到最显著的回归模型。逐步回归法有向前逐步回归和向后逐步回归两种。向前逐步回归的思想是变量由少变多，1 次引入 1 个变量，直到没有引入的变量为止。向后逐步回归与之相反，先将全部指标引入，再根据显著性和残差平方和最小的原则剔除指标。具体的步骤原理如下：

(1) 一元回归模型引入第一个变量。对于 p 个自变量 $X_1，X_2，\cdots，X_p$，分别对因变量 Y 建立一元回归模型：

$$Y=\beta_0+\beta_i X_i+\varepsilon \qquad i=1,2,\cdots,p \tag{5.1-17}$$

分别计算 X_i 对应的回归系数的 F 检验统计量的值，记为 $F_1^{(1)}，F_2^{(1)}，\cdots，F_p^{(1)}$，取其中的最大值 $F_{i1}^{(1)}$，即 $F_{i1}^{(1)}=\max\{F_1^{(1)}，F_2^{(1)}，\cdots，F_p^{(1)}\}$。

对于给定的显著性水平 α，记相应的临界值为 $F^{(1)}$，若 $F_{i1}^{(1)}\geqslant F^{(1)}$，则将 X_{i1} 引入回归模型。记 I_1 为选入变量指标集合。

(2) 二元回归模型引入下一个变量。建立因变量 Y 与自变量集 $\{X_{i1}，X_1\}，\cdots，\{X_{i1}，X_{i1-1}\}，\{X_{i1}，X_{i1+1}\}，\cdots，\{X_{i1}，X_p\}$ 的二元回归模型，共有 $p-1$ 个。计算变量的回归系数的 F 检验统计量的值，记为 $F_k^{(2)}$ $(k\notin I_1)$，取其中的最大值，记为 $F_{i2}^{(2)}$，对应自变量脚标记为 i_2，即 $F_{i2}^{(1)}=\max\{F_1^{(2)}，F_2^{(2)}，\cdots，F_{i1-1}^{(2)}，F_{i1+1}^{(2)}，\cdots，F_p^{(2)}\}$。对于给定的显著性水平 α，记相

应的临界值为 $F^{(2)}$，若 $F_{i2}^{(1)} \geqslant F^{(2)}$，则将 X_{i2} 引入回归模型。否则中止变量引入过程。

(3) 逐次增加回归自变量个数。重复步骤（2），直至没有变量引入为止，最终得到逐步回归法处理后的指标组合 I_1。

3. 主成分分析法

提取主成分进行分析是利用降维的思想，在损失很少信息的前提下把多个指标转化为几个综合指标的多元统计方法，从而简化问题的复杂性并抓住问题的主要矛盾。主成分分析法是一种考察多个指标相关性的多元统计方法，在保留原指标信息的基础上，用少数几个主成分代替原有的多个指标，且彼此间互不相关，其原理是将原始数据矩阵进行标准化变换，计算出相关系数矩阵，根据特征方程求解得出特征值与特征向量，进而将特征值从大到小排列，计算出贡献率，最后提取累计贡献率达85%或95%的项作为主成分。主成分分析步骤如下：

(1) 数据的标准化处理。冰情观测数据中可以选取许多影响因素，但各种因素的性质不一样，代表的含义差别也很大，即影响因素间的数量级和量纲水平都是不同的，不能直接比较。因此，在分析这些因素之前，必须消除它们之间量纲的影响，需要对各因素进行数据标准化处理。可以采用倒数法对指标进行趋势化处理，然后对原始样本数据进行标准化处理，得到标准样本矩阵。

(2) 主成分分析适用性检验。对各因素的原始数据进行标准化处理后，在对各因素进行主成分分析之前，有必要对因子指标是否满足主成分分析的要求进行检验。检验方法一般为KMO检验和Bartlett球形检验。

(3) 提取主成分。一般来说，在进行主成分分析时，没有必要选择所有因素变量，而是在某些原则下选择主成分因子。选择的方法主要有两种：一种是选择特征值大于1的因子作为主成分因子，这种方法可能会导致主要信息流失；另一种方法是确保累积方差贡献率超过一定的百分比，一般选取超过85%即可，该方法降低了主成分因子选择的要求，在一定程度上保证了原始变量信息的完整性。这两种方法都有优缺点，一般可以根据实际情况的需要选择不同的方法。

(4) 计算主成分得分。根据以上步骤可以确定主成分个数，为了使描述对象的特征更加准确，可以将提取的主成分因子由原始变量的线性组合来表示。

5.1.2 神经网络方法

人工神经网络通常简称为神经网络，是一种在生物神经网络的启示下建立的数据处理模型，是一种类似人类神经系统的信息处理技术。神经网络由大量的人工神经元相互连接进行计算，根据外界的信息改变自身的结构，主要通过调整神经元之间的权值来对输入的数据进行建模，最终具备解决实际问题的能力。事实上，神经网络包括很多种，最常用的一种被称为BP神经网络，它是一种以误差反向传播为基础的前向网络，具有非常强的非线性映射能力。BP神经网络是包含多个隐含层的网络，具备处理线性不可分问题的能力。BP神经网络是前向神经网络的核心部分，也是整个人工神经网络体系中的精华，广泛应用于分类识别、逼近、回归、压缩等领域。在实际应用中，大约80%的神经网络模型采取了BP神经网络或BP神经网络的变化形式。

1. BP神经网络

BP神经网络是对非线性可微分函数进行权值训练的多层网络，它是一种多层前向反馈神经网络，其神经元的变换函数是S型函数，输出量为0到1之间的连续量，它可实现从输入到输出的任意非线性映射，权值的调整采用反向传播的学习算法。利用输出后的误差来估计输出层的直接前导层的误差，再用这个误差估计更前一层的误差，如此一层一层地反传下去，就获得了所有其他各层的误差估计，其信息传递模式如图5.1-1所示。

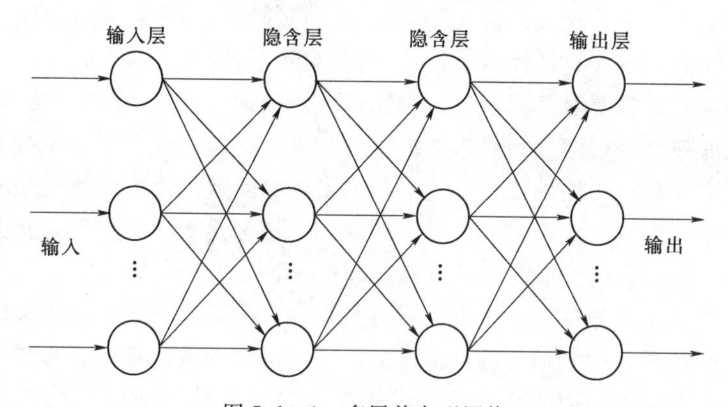

图5.1-1　多层前向型网络

BP神经网络具有一层或多层隐含层，除了在多层网络上与其他的模型有不同外，其主要差别也表现在激活函数上。BP神经网络的激活函数必须是处处可微的，因此它不能采用二值型的阈值函数{0，1}或符号函数{−1，1}，经常使用的是S型的对数或正切激活函数和线性函数。

BP神经网络由多层构成，层与层之间全连接，同一层之间的神经元无连接。多层的网络设计，使BP神经网络能够从输入中挖掘更多的信息，完成更复杂的任务；具有较强泛化性能，使网络平滑地学习函数，使网络能够合理地响应被训练以外的输入。但是泛化性能只对被训练的输入或输出的最大值范围内的数据有效，即网络具有内插值特性，不具有外插值性，超出最大训练值的输入必将产生大的输出误差。在BP神经网络中，数据从输入层经隐含层逐层向后传播，训练网络权值时，则沿着减少误差的方向，从输出层经过中间各层逐层向前修正网络的连接权值。随着学习的不断进行，最终的误差越来越小。

在反馈神经网络中，输出层的输出值又连接到输入神经元作为下一次计算的输入，如此循环迭代，直到网络的输出值进入稳定状态为止。

BP 神经网络特点：①输入和输出是并行的模拟量；②网络的输入输出关系由各层连接的权因子决定，没有固定的算法；③权因子通过学习信号调节，学习越多，网络越聪明；④隐含层越多，网络输出精度越高，且个别权因子的损坏不会对网络输出产生大的影响；⑤当希望对网络的输出进行限制时，如限制 0 到 1 之间，在输出层应当包含 S 型激活函数；⑥在一般情况下，均是在隐含层采用 S 型激活函数，而输出层采用线性激活函数。

S 型函数最常用的是以下两种：Sigmoid 函数和双曲正切函数。两函数曲线分别如图 5.1-2 和图 5.1-3 所示。

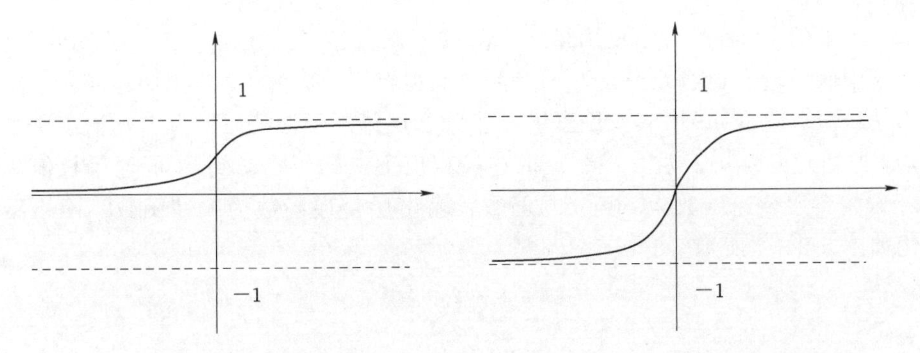

图 5.1-2 Sigmoid 函数曲线　　图 5.1-3 双曲正切函数曲线

Sigmoid 函数是产生 S 型曲线的数学函数。它是最早的也是最常用的激活函数之一。它将输入压缩到 0 到 1 之间的任何值，并使模型具有逻辑函数的性质。

Sigmoid 函数的表达式为

$$f(x)=\frac{1}{1+e^{-x}} \qquad 0\leqslant f(x)\leqslant 1 \tag{5.1-18}$$

该函数的一阶导数为

$$f'(x)=\frac{df(x)}{dx}=f(x)[1-f(x)] \tag{5.1-19}$$

另一种比较广泛使用的 S 型函数是双曲正切函数。它看起来非常类似于 Sigmoid 函数。实际上，它是一个缩放的 Sigmoid 函数，函数的梯度比 Sigmoid 函数更大。它是一个非线性函数，在范围（−1，1）内定义，因此不必担心激活后放大的情况。

双曲正切函数的表达式为

$$y=\tanh(x)=\frac{e^x-e^{-x}}{e^x+e^{-x}} \tag{5.1-20}$$

其一阶导数为

$$y'=\mathrm{sech}^2(x) \tag{5.1-21}$$

确定BP神经网络的层数和每层的神经元个数以后，还需要确定各层之间的权值系数才能根据输入给出正确的输出值。BP神经网络的学习属于有监督学习，需要一组已知目标输出的学习样本集。训练时先使用随机值作为权值，输入学习样本得到网络的输出。然后根据输出值与目标输出计算误差，再由误差根据某种准则逐层修改权值，使误差减小。如此反复，直到误差不再下降，网络就训练完成了。梯度下降法是一种可微函数的最优化算法，使用梯度下降法时，首先计算函数在某点处的梯度，再沿着梯度的反方向以一定的步长调整自变量的值。

标准的BP神经网络使用最速下降法来调整各层的权值。在三层BP神经网络中假设输入神经元个数为M，隐含层神经元个数为I，输出层神经元个数为J。输入层第m个神经元记为x_m，隐含层第i个神经元记为k_i，输出层第j个神经元记为y_j。从x_m到k_i的连接权值为ω_{mi}，从k_i到y_i的连接权值为ω_{ij}。隐含层传递函数为Sigmoid函数，输出层传递函数为线性函数，网络结构如图5.1-4所示。

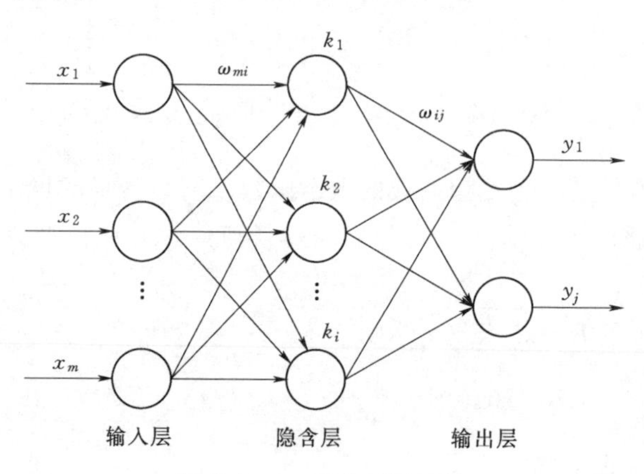

图5.1-4 双曲正切函数

上述网络接受一个长为M的向量作为输入，最终输出一个长为J的向量。用u和v分别表示每一层的输入与输出，如u_I^1表示I层（即隐含层）第一个神经元的输入。网络的实际输出为

$$Y(n)=[v_J^1,v_J^2,\cdots,v_J^j] \tag{5.1-22}$$

网络的期望输出为

$$d(n)=[d_1,d_2,\cdots,d_J] \tag{5.1-23}$$

式中：n 为迭代次数。第 n 次迭代的误差信号定义为

$$e_j(n)=d_j(n)-Y_j(n) \tag{5.1-24}$$

将误差定义为

$$e(n)=\frac{1}{2}\sum_{j=1}^{J}e_j^2(n) \tag{5.1-25}$$

输入层的输出等于整个网络的输入信号：$v_M^m(n)=x(n)$

隐含层第 i 个神经元的输入等于 $v_M^m(n)$ 的加权和：

$$u_I^i=\sum_{m=1}^{M}\omega_{mi}(n)v_M^m(n) \tag{5.1-26}$$

假设 $f(\cdot)$ 为 Sigmoid 函数，则隐含层第 i 个神经元的输出如下：

$$v_I^i(n)=f[u_I^i(n)] \tag{5.1-27}$$

输出层第 j 个神经元的输入等于 $v_I^i(n)$ 的加权和：

$$u_J^j(n)=\sum_{i=1}^{I}\omega_{ij}(n)v_I^i(n) \tag{5.1-28}$$

输出层第 j 个神经元的输出如下：

$$v_J^j(n)=g[u_J^j(n)] \tag{5.1-29}$$

输出层第 j 个神经元的误差为

$$e_j(n)=d_j(n)-v_J^j(n) \tag{5.1-30}$$

网络的总误差为

$$e(n)=\frac{1}{2}\sum_{j=1}^{J}e_j^2(n) \tag{5.1-31}$$

当输出层传递函数为线性函数时，输出层与隐含层之间权值调整的规则类似于线性神经网络的权值调整规则。BP 神经网络的复杂之处在于，隐含层与隐含层之间、隐含层与输入层之间调整权值时，局部梯度的计算需要用到上一步计算的结果。前一层的局部梯度是后一层局部梯度的加权和。也正是因为这个原因，BP 神经网络学习权值时只能从后向前依次计算。由于 BP 神经网络采用有监督的学习，因此用 BP 神经网络解决一个具体问题时，首先需要一个训练数据集。

BP 神经网络的设计主要包括网络层数、输入层节点数、隐含层节点数、输出层节点数及传输函数、训练方法、训练参数的设置等几个方面。确定以上参数后，将训练数据进行归一化处理，并输入网络中进行学习，若网络成功收敛，即可得到所需的神经网络，其算法流程如图 5.1-5 所示。

2. GA-BP 神经网络

遗传算法是基于达尔文的自然选择理论的一种生物进化的抽象模型，遗传

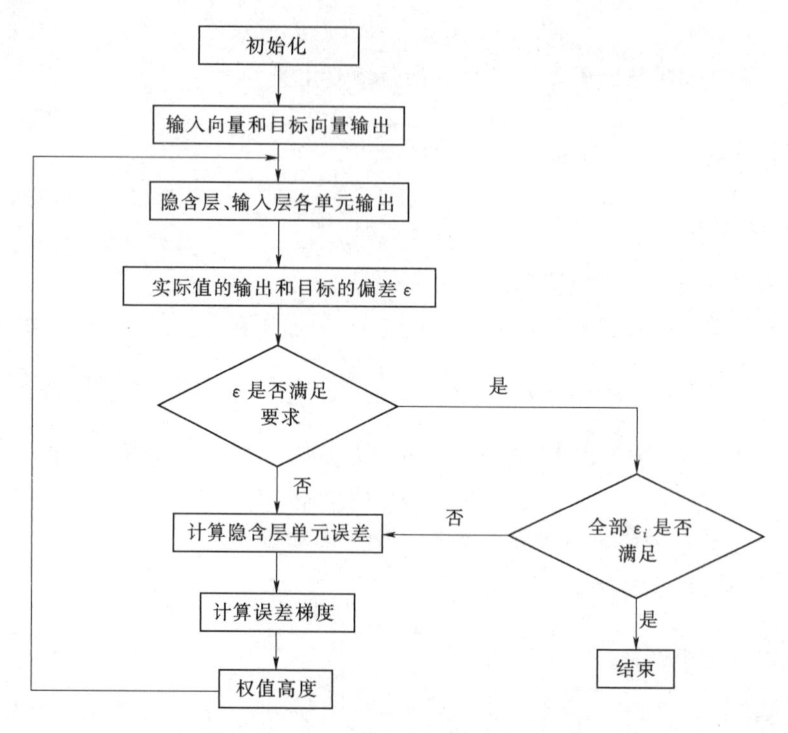

图 5.1-5 BP 神经网络算法的流程图

算法比传统算法有更多的优点，其中两个最明显的优点是：处理问题的能力和并行性。遗传算法可以处理优化目标函数最适应度值的平稳性或者非平稳性、线性或者非线性和连续性或者不连续性等。遗传算法是将带有问题的参数空间进行位串编码，构建一个适应度函数，以此来作为算法的评价依据，这样所有的编码个体将组成一个进化种群，建立起一个循环迭代过程，通过不断反复地操作，最终找出问题的最优解。遗传算法由五大要素构成，分别为问题参数的编码、设置种群初始群体大小、构造问题的适应度函数、设计遗传操作和设置遗传控制参数。

（1）遗传编码。利用遗传算法在寻优的过程中，如何将满足我们需求的实际问题表现形式与遗传算法的个体位串之间建立某种关系，这就要求我们在使用遗传算法的时候要进行编码工作和解码工作。遗传算法中遗传杂交的运算方式取决于个体的编码工作方式，所以编码工作是遗传算法步骤的首要工作，编码时遵循 3 个原则，即考虑数据的完备性、数据的健全性和数据不能冗余。目前有很多学者专家研究出很多种的编码方式，其中二进制编码是最为常用的编码方式。

对于一维连续函数 $f(x)(x\in[u,v])$，若采用的编码方式为二进制编码，并且二进制的长度为 L，假设构建个体位串域为 S^L：

$$S^L=\{a_1,a_2,\cdots,a_k\},a_k=(a_{k1},a_{k2},\cdots,a_{kL}),a_{kl}\in\{0,1\} \quad (5.1-32)$$

式中：$k=1$，2，…，K；$l=1$，2，…，L；$K=2^L$；a_k 为个体向量；位串 $s_k=a_{k1}$，a_{k2}，…，a_{kL}。精度：$\Delta x=(v-u)/(2^L-1)$。

译码函数的作用是将个体位串从位串空间解码成问题参数空间，它的形式为

$$x_k=\Gamma(a_{k1},a_{k2},\cdots,a_{kl})=u+\frac{v-u}{2^L-1}\left(\sum_{j=1}^{L}a_{kj}2^{L-j}\right) \quad (5.1-33)$$

对于 n 维连续函数 $f(x)$，$x=(x_1,x_2,\cdots,x_n)$，$x_i\in[u_i-v_i](i=1,2,\cdots,n)$，每一维位串的二进制编码长度为 l_j。建立的位串空间为 S^L：

$$S^L=\{a_1,a_2,\cdots,a_k\},K=2^L \quad (5.1-34)$$

个体向量的位串结构为

$$a_k=(a_{k1}^1,a_{k2}^1,\cdots,a_{kl1}^1,a_{k1}^2,a_{k2}^2,\cdots,a_{kl2}^2,\cdots,a_{k1}^n,a_{k2}^n,\cdots,a_{l_n}^n) \quad (5.1-35)$$

位串 $s_k=a_{k1}^1a_{k2}^1\cdots a_{kl1}^1a_{k1}^2a_{k2}^2\cdots a_{k1}^na_{k2}^n\cdots a_{l_n}^n$，通过译码函数 Γ^i：$\{0,1\}_i^l\rightarrow[u_i,v_i]$解译后为

$$x_i=\Gamma^i(a_{k1}^i,a_{k2}^i,\cdots,a_{kl_i}^i)=u_i+\frac{v_i-u_i}{2^{l_i}-1}\left(\sum_{j=1}^{l_i}a_{kj}^i2^{l_i-j}\right),i=1,2,\cdots,n \quad (5.1-36)$$

(2) 定义评价依据即适应度函数。群体的适应度函数计算得到的适应度值大小是作为评判一个种群个体是否具有生存机会的依据，因此适应度函数的选择关系着种群的进化。对于给定的优化问题 $\mathrm{optg}(x)(x\in[u,v])$。选择函数变化 T：$g\rightarrow f$，要求最优解 x^* 满足 $\max f(x^*)=\mathrm{optg}(x^*)(x^*\in[u,v])$。

如实际问题空间是求最小化值，要求构建的适应度函数 $f(x)$ 和目标函数 $g(x)$ 具有以下的映射条件关系：

$$f(x)=\begin{cases}c_{\max}-g(x),g(x)<c_{\max}\\0\end{cases} \quad (5.1-37)$$

其中，$c_{\max}$要么作为一个输入值抑或是期望上的最大值，要么是当前群体中所有代抑或是 K 代中 $g(x)$ 的最大值，当代数不同时它也会发生改变。

实际问题空间是求最大化值，建立如下的映射关系：

$$f(x)=\begin{cases}g(x)-c_{\min},g(x)>c_{\min}\\0\end{cases} \quad (5.1-38)$$

其中，$c_{\min}$要么是作为一个输入值，要么为当前群体中所有代抑或是 K 代中 $g(x)$ 的最小值。

(3) 适应度值的计算及其概率选择。种群在初期的进化选择中，竞争压力小，选择压力也小，对不好的个体也要求生存下去，使种群具有很高的多种多样性。在种群进化的后阶段，要利用遗传算法减小搜索区域，使问题的寻优速

度得到明显加强，个体的选择概率为

$$P_s(a_j)=\frac{e^{f(a_j)/T}}{\sum_{i=1}^{N}e^{f(a_j)/T}},j=1,2,\cdots,N \qquad (5.1-39)$$

其中，$T>0$ 是退火温度。随着迭代次数的增多 T 也慢慢减小，选择压力也越来越高。当对 T 进行选择时种群进化代数的最大值需要我们提前考虑。

事先将由适应度函数计算得出的群体中的个体适应度值按照逐渐增大或者逐渐减小的顺序进行排列，然后将这些适应度值序列按照一定的概率分配给种群中的每个个体，从而建立的适应度值选择方法叫作排序选择。目前用得最广泛的排序选择方法是线性排列选择，该方法是将种群的队列序号通过线性映射函数的方法映射成我们期望的选择概率。对于给定规模为 N 的种群 $P=\{a_1, a_2, \cdots, a_n\}$，个体 $a_i\in P$，并且满足 $f(a_1)\geqslant f(a_2)\geqslant\cdots\geqslant f(a_n)$。假设一个群体中的最优个体 a_1，通过选择概率选择后的期望数量为 η^+，最差的个体 a_n 通过选择概率选择后的期望数量为 η^-，其他个体选择后的期望数量按照等差数列计算，则 $\eta_j=\eta^+-\frac{\eta^+-\eta^-}{N-1}(j-1)$。采用线性排序个体的选择概率为

$$P_s(a_j)=\frac{1}{N}\left[\eta^+-\frac{\eta^+-\eta^-}{N-1}(j-1)\right],j=1,2,\cdots,N \qquad (5.1-40)$$

由 $\sum_{j=1}^{N}\eta_j=n$，可以推出 $\eta^++\eta^-=1$。当 $\eta^+=2$、$\eta^-=0$ 时，群体中的最弱个体通过遗传后在新一代中其生存期望值是 0，也就是说这种情况下群体的选择压力最大；当 $\eta^+=\eta^-=1$，种群的进化选择方式通过均匀分布随机进行选择的时候，种群的选择压力最小。

将群体中的一定数量的个体按照随机的方法进行选择，在选择的这些个体中将适应度值最大的个体保留到新一代中，反复不断地重复这个过程，直至新一代中的个体数量满足预先设定的种群大小，这种选择方法就叫作联赛选择。

对于给定规模为 N 的种群 $P=\{a_1, a_2, \cdots, a_n\}$，个体 $a_i\in P$，并且满足 $f(a_1)\geqslant f(a_2)\geqslant\cdots\geqslant f(a_n)$。当排序不超过 j 个，个体被选择的概率为 $P(i=j)=\left(\frac{n-j}{n}\right)^q$；当排序不超过 $j-1$ 个，个体被选择的概率为 $P(i\leqslant j-1)=\left(\frac{n-j+1}{n}\right)^q$。所以在联赛选择的时候种群个体 a_j 选择的概率为

$$P_s(a_j)=P(i\leqslant j-1)-P(i\leqslant j)=\left(\frac{n-j+1}{n}\right)^q-\left(\frac{n-j}{n}\right)^q \qquad (5.1-41)$$

式中：$j=1, 2, \cdots, N$；q 为联赛选择规模。

(4) 确定遗传策略，设定群体规模 N、遗传操作杂交和变异的方法、杂

交概率 P_c 和变异概率 P_m。

(5) 按照遗传机制对种群中的个体使用遗传选择复制、杂交和变异等遗传操作，形成新一代的种群。

(6) 判断群体性能是否符合目标要求，若不符合则返回步骤 (5)，或是改变遗传方法后再回到步骤 (5)，否则退出完成操作。

遗传算法流程图如图 5.1-6 所示。

当使用遗传算法的时候，有一组参数严重影响着遗传算法的运行效果。遗传算法在刚开始运行的时候或是种群中的个体开始进化的时候，要求我们合理地设置这些遗传参数，这样才能保证利用遗传算法寻优得到的结果满足我们的期望。这组参数包括个体位串长度 L、种群大小 N、杂交率 P_c 和变异率 P_m。

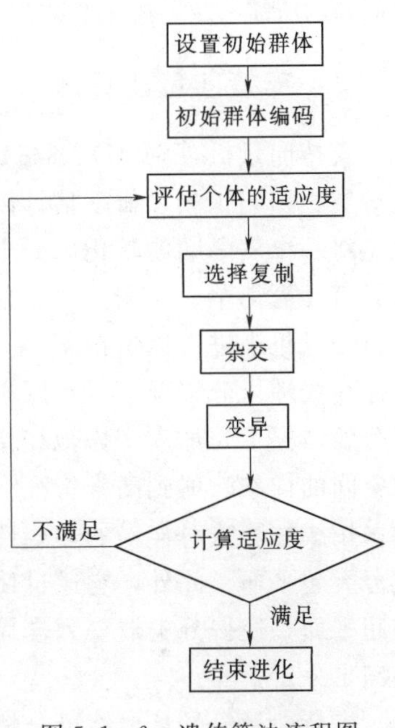

图 5.1-6　遗传算法流程图

(1) 位串长度 L。如何确定个体位串长度 L 主要是由特定的实际问题解的精度要求所决定的。问题要求解精度越高的话，位串要求也就越长，遗传算法在运行的时候，所要求的时间也就变长了，所以并不是位串越长越好。把长度位串或是在当前所达到的较小可行域内重新编码，这种方法可以提高算法在运行时候的效率，并具有很好的性能。

(2) 群体规模 N。种群的规模越大，种群里就包含很多种的模式，这样遗传算法在运算的时候就有很多的样本可供选择，从而改善遗传算法在搜索时的搜索效率，防止在搜索成熟前就收敛。但是群体足够大的话个体适应度值的计算量就会变得很大，这样遗传算法的收敛会变得很慢，影响算法的运行。综上考虑，种群的大小 $N=20\sim200$。

(3) 杂交概率 P_c。遗传算法中杂交操作的使用次数取决于杂交概率的大小，在产生的新一代的群体个体中，需要将个体中的染色体结构进行杂交操作的个数为 $P_c \times N$ 个。遗传算法的杂交率越大，杂交频率也就越大，种群中新个体的获得也就越迅速，但是在新种群中已得到的优秀基因损失的步伐也就会加快。但杂交率太低的话，种群中的个体复杂性就会降低，影响遗传算法的搜索。综上考虑，一般遗传杂交率 $P_c=0.60\sim1.00$。

(4) 变异概率 P_m。种群里的个体可以通过变异使得种群具有多种多样性，在遗传算法中，当进行遗传变异后，交配池中的种群个体染色体上的每位等位基因按照变异率 P_m 进行随机的变异，从而使得每一代中大约发生 $P_m \times N \times L$ 次变异。对于遗传操作变异率的选择，既不能太大也不能太小，变异率太小则可能导致个体位串中的某些基因过早地丢失而无法恢复，变异率过大，遗传算法的运算状态变成了随机搜索。专家建议一般 $P_m = 0.005 \sim 0.010$。

遗传算法的参数在选取上没有统一的标准，也不存在一组万能的参数适合所有问题的最优解求解。目标函数越复杂，就越不利于遗传参数的选取。如何选择适合问题的所需参数，还是要结合实际问题，深入分析，具体情况具体对待。

5.1.3 支持向量机算法

支持向量机（SVM）通过结构风险最小化原理来提高泛化能力，已在模式分类、回归预测、概率估计以及控制理论等领域得到应用。标准的支持向量机是将一个实际问题转化为一个带不等式约束的二次凸规划问题，相对其他方法具有计算简单、通用性强、鲁棒性高、理论基础严格等众多优点，故可采用支持向量机来进行冰情预测。

在线性可分情况下，在原空间寻找两类样本的最优分类超平面。在线性不可分的情况下，加入了松弛变量进行分析，通过使用非线性映射函数 K 将低维空间的样本映射到高维特征空间使其变为线性情况，从而使得在高维特征空间采用线性算法对样本的非线性进行分析成为可能，并在该特征空间中寻找最优分类超平面。此外，它通过使用结构风险最小化原理在特征空间构建最优分类超平面，使得分类器得到全局最优，并使整个样本空间的期望风险以某个概率满足一定上界。

支持向量机是从线性可分情况下的最优分类面发展而来的，对于一维空间中的点，二维空间中的直线，三维空间中的平面，以及高维空间中的超平面，在图中用实心点和空心点代表两类样本，H 为它们之间的分类超平面，H_1、H_2 分别为过各类中离分类面最近的样本且平行于分类面的超平面，它们之间的距离 ΔH 叫作分类间隔（margin）。所谓最优分类面要求分类面不但能将两类正确分开，而且使分类间隔最大。将两类正确分开是为了保证训练错误率为 0，也就是经验风险最小。使分类空隙最大实际上就是使推广性的界中置信范围最小，从而使真实风险最小。推广到高维空间，最优分类线就成为最优分类面，如图 5.1-7 所示。

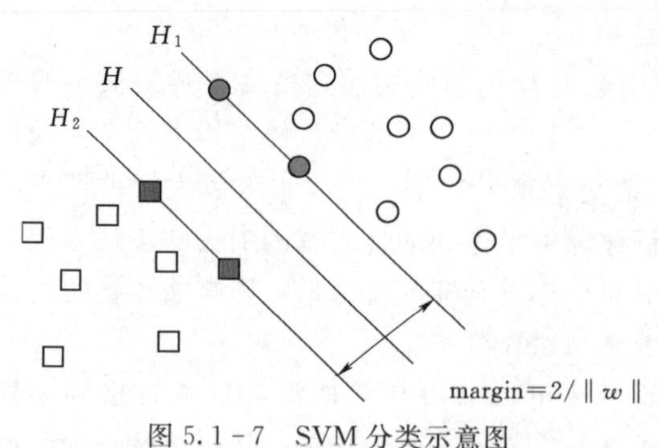

图 5.1-7 SVM 分类示意图

设线性可分样本集为 (x_I, y)，$I=1, \cdots, n$，$x \in R^d$，$y \in \{+1, -1\}$ 是类别符号。d 维空间中线性判别函数的一般形式为类别符号。d 维空间中线性判别函数的一般形式为 $g(x)=wx+b$（w 代表 Hilbert 空间中权向量，b 代表阈值)，分类线方程为 $wx+b=0$。将判别函数进行归一化，使两类所有样本都满足 $|g(x)|=1$，也就是使离分类面最近的样本的 $|g(x)|=1$，此时分类间隔等于 $2/\|w\|$，因此使间隔最大等价于使 $\|w\|$（或 $\|w\|^2$）最小。要求分类线对所有样本正确分类，就是要求它满足：

$$y_i[(wx)+b]-1\geqslant 0, i=1,2,\cdots,n \tag{5.1-42}$$

满足上述条件，并且使 $\|w\|^2$ 最小的分类面就叫作最优分类面，过两类样本中离分类面最近的点且平行于最优分类面的超平面 H_1、H_2 上的训练样本点就称作支持向量（support vector），因为它们“支持”了最优分类面。

利用 Lagrange 优化方法可以把上述最优分类面问题转化为如下这种较简单的对偶问题，在约束条件：

$$\sum_{i=1}^{n} y_i\alpha_i = 0 \tag{5.1-43a}$$

$$A_i \geqslant 0, i=1,2,\cdots,n \tag{5.1-43b}$$

下对 α_i 求解下列函数的最大值：

$$Q(\alpha)=\sum_{i=1}^{n}\alpha_i-\frac{1}{2}\sum_{i,j=1}^{n}\alpha_i\alpha_j y_i y_j (x_i x_j) \tag{5.1-44}$$

若 α^* 为最优解，则

$$w^* = \sum_{i=1}^{n}\alpha_i^* y_i x_i \tag{5.1-45}$$

即最优分类面的权系数向量是训练样本向量的线性组合。这是一个不等式约束下的二次函数极值问题，存在唯一解。根据 Kühn－Tucker 条件，解中将只有一部分（通常是很少一部分）α_1 不为 0，这些不为 0 的解所对应的样本就是支持向量。求解上述问题后得到的最优分类函数是

$$f(x)=\mathrm{sign}\{(w^* x)+b^*\}=\mathrm{sign}\left\{\sum_{i=1}^{n}\alpha_i^* y_i (x_i x)+b^*\right\} \tag{5.1-46}$$

根据前面的分析，非支持向量对应的 α_i 均为 0，因此上式中的求和实际上只对支持向量进行。b^* 是分类阈值，可以由任意一个支持向量通过式（5.1－42）求得（只有支持向量才满足其中的等号条件），或通过两类中任意一对支持向量取中值求得。

从前面的分析可以看出，最优分类面是在线性可分的前提下讨论的，在线性不可分的情况下，就是某些训练样本不能满足式（5.1－42）的条件，因此可以在条件中增加一个松弛变量 $\xi_i \geqslant 0$，变成

$$y_i[(wx_i)+b]-1+\xi_i \geqslant 0, i=1,2,\cdots,n \tag{5.1-47}$$

这就得到了线性不可分情况下的最优分类面，称作广义最优分类面。为使计算进一步简化，广义最优分类面问题可以进一步演化成在式（5.1-47）的约束条件下求下列函数的极小值：

$$\varphi(w,\xi)=\frac{1}{2}\|w\|^2+C\sum_{i=1}^{n}\xi_i \tag{5.1-48}$$

求解这一优化问题的方法与求解最优分类面时的方法相同，都是转化为一个二次函数极值问题，对于非线性问题，可以通过非线性交换转化为某个高维空间中的线性问题，在变换空间求最优分类超平面。这种变换可能比较复杂，因此这种思路在一般情况下不易实现。但可以看到，在上面对偶问题中，不论是寻优目标函数还是分类函数都只涉及训练样本之间的内积运算（xx_i）。设有非线性映射 Φ：$R^d \rightarrow H$ 将输入空间的样本映射到高维的特征空间 H 中，当在特征空间 H 中构造最优超平面时，训练算法仅使用空间中的点积，即 $\varphi(x_i)\varphi(x_j)$，而没有单独的 $\varphi(x_i)$ 出现。因此，如果能够找到一个函数 K 使得

$$K(x_i x_j)=\varphi(x_i)\varphi(x_j) \tag{5.1-49}$$

这样在高维空间实际上只需进行内积运算，而这种内积运算是可以用原空间中的函数实现的，甚至没有必要知道变换中的形式。根据泛函的有关理论，只要一种核函数 $K(xx_i)$ 满足 Mercer 条件，它就对应某一变换空间中的内积。因此，在最优超平面中采用适当的内积函数 $K(xx_i)$ 就可以实现某一非线性变换后的线性分类，而计算复杂度却没有增加。此时目标函数变为

$$Q(\alpha)=\sum_{i=1}^{n}\alpha_i-\frac{1}{2}\sum_{i,j=1}^{n}\alpha_i\alpha_j y_i y_j K(x_i x_j) \tag{5.1-50}$$

而相应的分类函数也变为

$$f(x)=\operatorname{sign}\left\{\sum_{i=1}^{n}\alpha_i^* y_i K(x_i x_j)+b^*\right\} \tag{5.1-51}$$

泛化能力是指模型对训练样本进行训练学习并以此产生学习算法及网络对其他新鲜样本的适应能力。通常希望经过样本训练产生的网络具有较强的泛化能力，也就是说网络有能力对新输入数据给出合理的响应。这里应当指出并非训练的次数越多越能得到正确的输入输出映射关系。训练所得的算法及网络的性能主要通过其泛化能力来衡量。在使用支持向量机建模进行识别分类或预测拟合时，若模型的泛化能力较强，则分类器或曲线拟合方程在测试样本集合上的表现结果与其在训练样本集合上的表现结果接近。因此，如何在合理的条件下提高模型的泛化能力，也是建模需要考虑的重要问题。

统计学习理论是支持向量机的理论基础。在有限样本条件下，统计学习理

论主要为研究概率密度估计、函数拟合和模式分类识别三种类型的机器学习问题提供了理论框架，客观世界中存在着许多无法准确认知和把握的事物，但是这些事物往往可以通过观察将其有关的信息数据记录下来，通过统计分析这些数据可以对这些事物产生一定的规律性认识，并能有效地指导工作，由此统计学便应运而生了。可以说“统计”是人们在面对大量观测数据但又对其缺乏理论模型指导时最为有效的、同时也是唯一的分析手段。传统的统计学是研究渐进性的理论，其理论内涵可以概括为只有样本数量趋于无穷大时，其统计性能才会有理论上的保证。例如，大数定律就是一类描述当试验次数趋于无穷大时特定事物所呈现出来的具有概率性质的规律。但是在研究特定事物时，所得的观测资料及数据往往非常有限，这时传统的统计学在对有限小样本进行分析研究时往往显得力不从心，专门针对有限样本的实际问题，是对传统统计学的重要拓延和补充。

核算法是支持向量机理论中的一个重要模块，通过学习算法和理论可以在很大程度上同应用领域的特性分开，在计算和泛化性方面，核函数的使用都能够克服维数灾难。当信息量不断丰富，维数不断增加后，所有的信息都是可分的，但同时也增加了系统开销，核函数就能很好地解决这个问题。对于同样的问题，选择不一样的核函数会有不同的效果，如何选择适用的核函数是 SVM 中需要解决的重要问题。目前，常用的核函数有多项式核函数、线性核函数、Sigmoid 核函数、RBF（高斯）核函数。

支持向量机的学习和泛化能力很大程度上取决于核参数 σ 和惩罚因子 C 的适用选择。其中，核参数的取值会影响样本在特征空间的分布复杂度，当 σ 值变大时，数据样本被正确分类，但 σ 值太大会导致过拟合，降低泛化能力；σ 值变小时会增强它的泛化能力，但又会使训练误差增大。而惩罚因子 C 值过大会导致泛化能力变弱，C 值太小会导致拟合误差越来越大。可见，核参数 σ 值和惩罚因子 C 值的选取直接影响到分类模型的性能，且两者之间存在着较为密切的联系，若分开单独选取会影响系统效率，因此，这 2 个参数应同时选取，选择最佳组合（C，σ）。

5.2 冰情影响因素分析

渠道冰情的生消演变受热力因素、动力因素、渠道特征和运行调度等因素影响，各因素相互联系、相互制约。热力因素主要考虑太阳辐射热、气温、水温、降雨、降雪等；影响冰情发展的动力因素包括流量、流速、水位、风力、风向等；渠道条件包括渠道的地理位置、渠水流向、河床组成、河床平均纵坡比降等因素；渠道运行调度为人类活动，主要表现在调水水源、各分水口流量、调度方案制定、渠道运行方式等，是影响冰情发生、发展和防治冰情灾害的重要因素。

5.2.1 水温参数及其影响

水温是影响冰情发展的重要热力因素，成冰的必要条件是水体的过冷却，冬季渠水温度在4℃以上时，其表面由于受冷密度上升，水体产生对流掺混使得水体温度逐渐降低直到整体温度达到4℃；随着气温持续下降，水温也将局部低于4℃，从而表层水体产生反膨胀现象导致密度降低，于是渠水表面水体温度持续下降直到成冰情形。如前所述，水温也是影响冰盖热力增长的主要因素，水温持续在0℃时，同等水动力条件下，冰厚变化与断面平均水温相关。

水温变化取决于水体与周界环境的热交换，主要包括水与大气的热交换，水与河床的热交换，以及结成冰盖后水与冰盖的热交换，冰盖与大气的热交换。由于水与河床的热交换较小，因此水与大气的热交换起主导作用。当气温低于水温时，水面向大气散热，直至水温达到0℃。

$$t=\frac{sbl}{qc\rho}\leqslant 0 \tag{5.2-1}$$

式中：t 为水温，℃；s 为水面进入大气的热通量，W/m^2；b 为水面宽，m；l 为水体长，m；q 为流量，m^3/s；c 为比热，J/(kg·K)；ρ 为水的密度，kg/m^3。

对静水来说，这种热交换主要发生在水体的表层，因为水在4℃时相对密度最大，当表层水失热水温降到4℃时，下层水分子相对密度小，上层水分子相对密度大，形成上下层对流。当表层水失热水温降到0℃时，下层水分子相对密度大，上层水分子相对密度小，对流停止。因此对于静止的水而言，过冷却只能发生在表层附近，但是流动的水本身具有紊动作用，能起到水内热量的流动混合作用。流动的水内紊动的热交换更加有利于水-气热交换，所以在低温环境中，水流的结冰不仅仅在水表面发生，也在水体中产生冰晶。

静水结冰的实质是持续负气温导致水体过冷却，形成冰晶，冰晶相连，形成冰盖的过程。静水结冰的过程是在气温持续低于0℃条件下，水体释放热量，水体表面温度不断降低，当表层水体温度降至0℃后，进一步冷却，水体继续失热，水表面结冰形成冰晶。随着气温进一步降低，水体持续失热，水面冰晶逐渐增多，冰晶上升聚集联结成面，面与面连接起来形成盖。在低温条件下，深水处的水温高于浅水，因为浅水区域受气温影响明显，放热降温快，水温偏低，低于深水区域温度；而深水区水温受气温影响变化不明显，放热降温慢，因为水体间热传导慢，所以深水区水体储热量大。

2016—2019年度观测期内，北拒马河渠段、漕河渡槽和滹沱河倒虹吸日

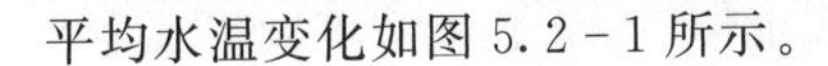
平均水温变化如图5.2-1所示。

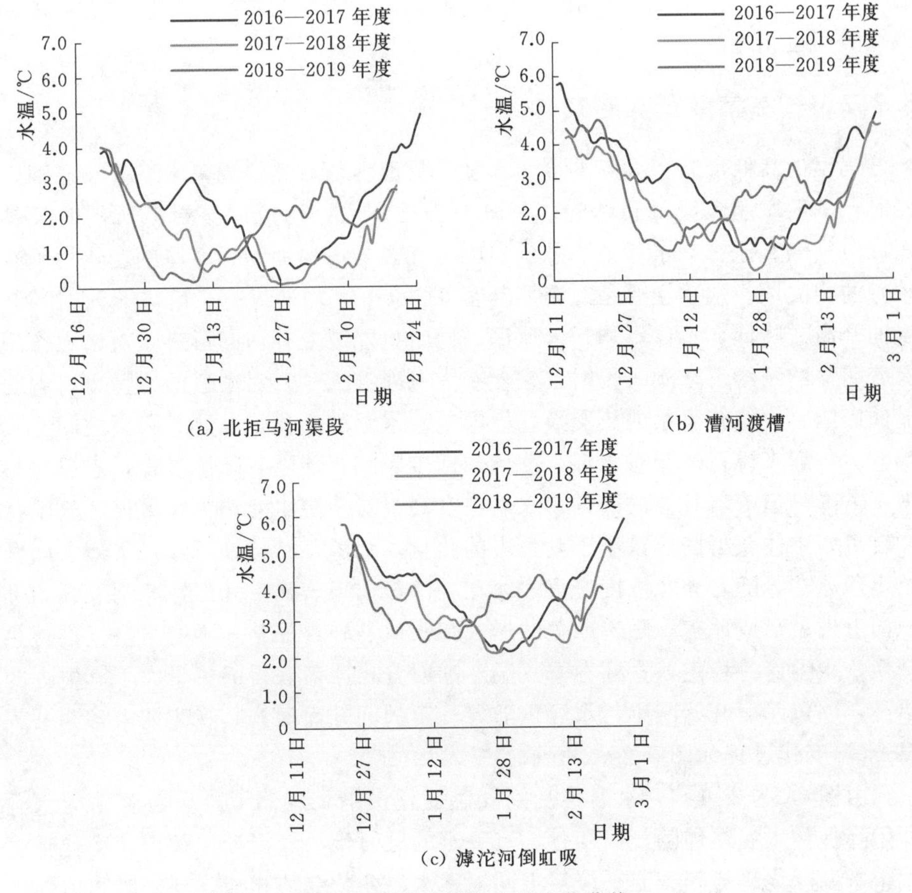

(a) 北拒马河渠段

(b) 漕河渡槽

(c) 滹沱河倒虹吸

图5.2-1 观测期水温变化曲线

从图5.2-1可以看出，3个测站2016—2017年度、2017—2018年度的日平均最低水温都出现在1月28日左右，而2018—2019年度在1月9日左右就达到了日平均最低水温。根据数据，北拒马河2016年12月28日初生岸冰，冰期从1月10日到2月18日；2017年12月25日初生岸冰，冰期从12月31日持续到2018年2月19日；2018年12月12日初生岸冰，12月23日到2019年2月18日冰请持续存在。漕河渡槽2016—2017年度无明显冰情，2018年1月10日初生岸冰，冰期从1月10日持续到2月13日；2018年12月28日初生岸冰，从2019年1月4日到1月19日持续有冰，之后不间断地出现岸冰和流冰。滹沱河段2017年1月11日初生岸冰，冰期从1月11日持续到2月12日；2018年12月26日初生岸冰，从12月28日到2019年1月21日持续有冰，之后断断续续有岸冰和流冰形成。从上述分析可以看出水温是影响冰情的重要因素，当水温降低时间提前时，冰的形成也随之提前。而且可以看出漕河渡槽测站与滹沱河倒虹吸测站的水力条件类似，每年初生冰的时间相近，冰期持续时间也相近。

5.2.2 气温参数及其影响

气温的高低反映了大气的冷热程度。气温转负后冰情现象常发生在寒潮入侵时，一般寒潮入侵时间越晚，其降温强度越大，由流冰至封冻所需时长越短。负气温直接影响水体失热总量，因此气温与清沟面积、冰厚的变化均具有较好的相关性。融冰主要是气温上升至0℃以上才加速进行，解冻开河时，气温的升高或降低，不仅影响开河速度，同时也能改变开河的形势，对动力作用有着明显的制约。寒潮入侵时，常伴有大风降温天气，对渠道的冰情也有着明显的影响。大气与渠水的热交换，也影响着水温的变化，各热力因素之间相互影响。一般来说，气温对水温、冰情均产生影响，伴随着降温过程，水温也出现了下降，但随着气温的回升，水温也升高。对于南水北调中线渠道，气温持续转负，水体获得的热量小于其失去的热量，水温开始持续下降，渠道水面开始出现冰花，随着冰花浓度变大，冰花上浮至渠道表面，并由拦冰索处开始堆积向上发展形成冰盖。随着冰盖的形成，水体与外界隔绝，不能与空气进行热交换，水温保持稳定，直到春季气温逐渐回升，冰盖获得的热量大于其失去的热量，冰盖厚度开始减小，水温也随着气温的回升而回升。观测期内各测站气温-水温变化过程如图5.2-2所示。

由图5.2-2可知，水温会受到气温变化影响，气温下降后各测站的水温开始降低，水温整体随气温变化，有一定的延时性。气温变化频繁，变化幅度大，水温变化趋势较气温平缓。不同测站水温变化趋势相似，同一时间沿线水温由北向南逐渐上升。北拒马河测站的水温最低，漕河渡槽测站较之略高，滹沱河段测站水温明显高于这两个测站。从图5.2-2中可以清楚地看出这样的规律：①气温变化频率和幅度比水温显著；②水温变化滞后于气温变化。

气温、水温与冰情有着紧密的联系。随着冬季气温持续降低至0℃以下，渠道初生岸冰；而后负积温积累，水温继续降低，岸冰发展；当平均水温降到1.0℃以下，渠道开始形成表面流冰，进入流冰期。封冻期的水温由0.5℃降低到0℃左右，待渠道稳封后，冰盖厚度增加，热交换减小，热量达到动态平衡，此时水温波动小，比较稳定。暖冬气候条件下，由于气温较高，负积温较小，不能形成较大规模的冰情。

气象预报是冰期预报工作的关键，因为冰情发展过程自始至终受到气象条件的制约，而它又是冰情预报的依据。冰期气象预报的主要内容有：冬季各月、旬平均气温，以及冷空气活动的时间、轨迹和强度等。气象预报分短期、

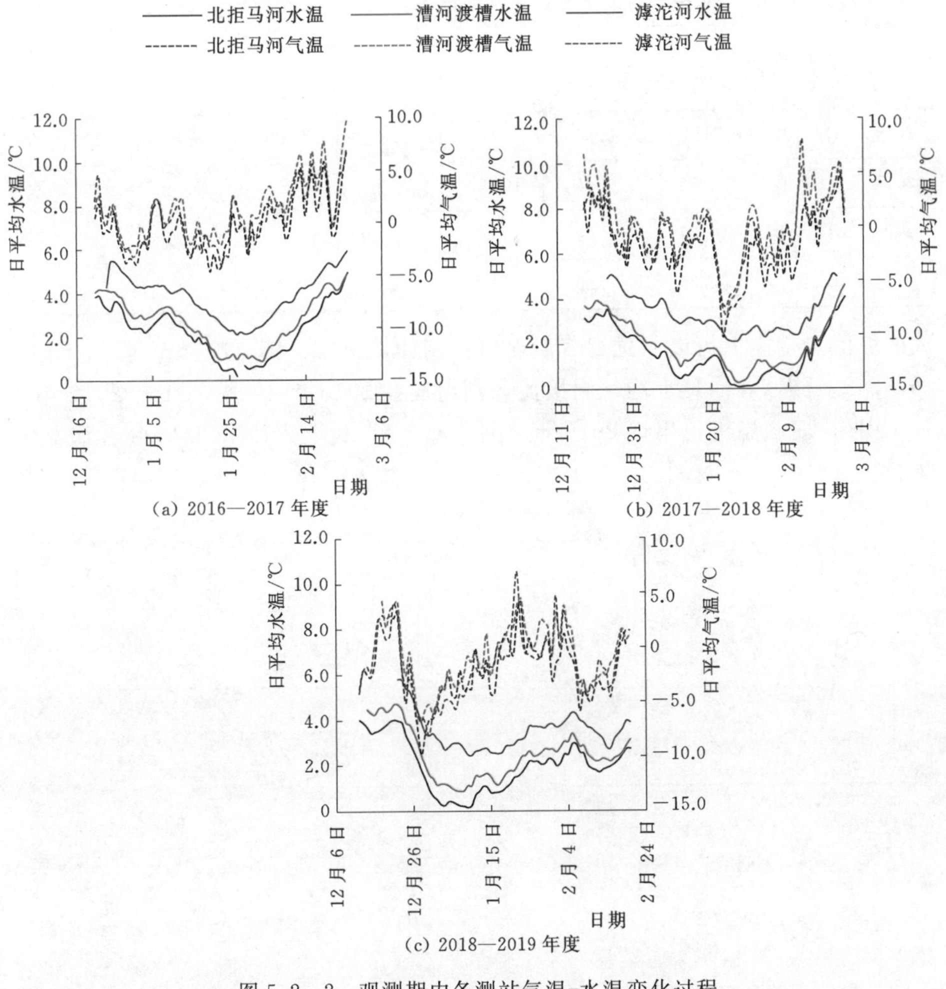

(a) 2016—2017 年度

(b) 2017—2018 年度

(c) 2018—2019 年度

图 5.2-2　观测期内各测站气温-水温变化过程

中期和长期 3 种。一般来说，预测未来 3d 之内的天气变化称为短期预报，10d 左右的称为中期预报，1 个月或 1 个季度以上的称为长期预报。一般长期预报是制定防凌方案的依据，中期和短期预报是实施防冰措施的依据。

气温对水温的影响是持续的，但水温对于气温的感应通常是不即时的，要通过一段时间的传热才能实现温度的交互。为了探究水温变化受气温影响的延迟程度，把北拒马河测站日平均气温延迟 1～6d，共分为 7 组数据分别计算水温与日平均气温的相关性，结果见表 5.2-1。

从表 5.2-1 可以看出，北拒马河测站的水温和延迟 3d 的日平均气温相关性最大，选取 2018—2019 年度水温和延迟 3d 的日平均气温绘图，如图 5.2-3 所示。可以看出水温与延迟 3d 的日平均气温变化趋势较为一致，水温起伏较

表 5.2-1　　北拒马河测站水温与延迟日平均气温相关系数表

相关系数	日平均气温延迟时长/d						
	0	1	2	3	4	5	6
2016—2017 年度	0.55	0.58	0.60	0.60	0.59	0.59	0.59
2017—2018 年度	0.55	0.60	0.63	0.63	0.61	0.58	0.55
2018—2019 年度	0.37	0.48	0.55	0.57	0.57	0.55	0.51
总相关系数	0.55	0.60	0.62	0.63	0.62	0.60	0.58

大的极值点基本上可以与延迟气温对应。例如，第二、第三次降温过后，北拒马河测站延迟 3d 的日平均气温极值分别出现在 2018 年 12 月 31 日、2019 年 2 月 10 日，而水温极值出现 2019 年 1 月 2 日、2019 年 2 月 12 日，两者基本相吻合。

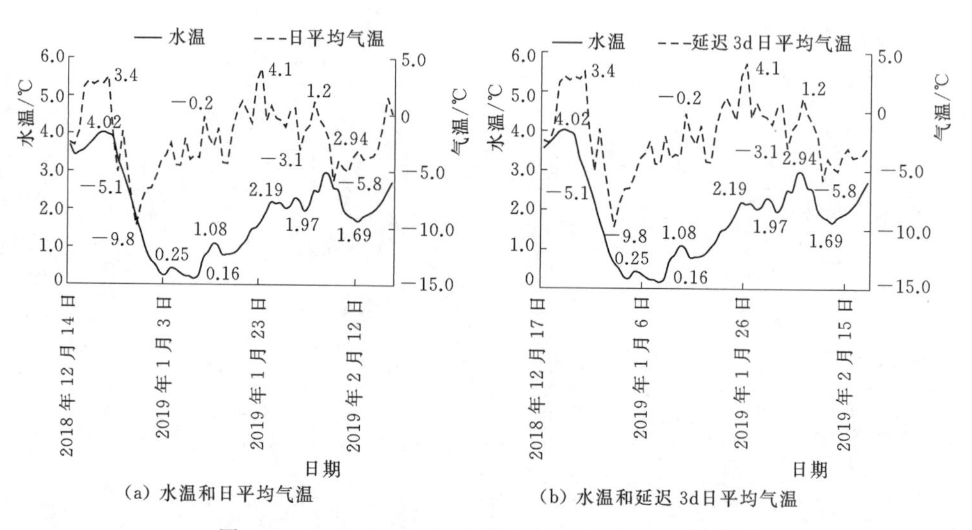

图 5.2-3　2018—2019 年度北拒马河测站观测结果

同理计算漕河渡槽测站和滹沱河倒虹吸测站水温与延迟 1～6d 的日平均气温的相关性。漕河渡槽测站水温与延迟 5d 的日平均气温的相关系数最大（0.6556），表明漕河渡槽水温变化比气温滞后 5d 左右；滹沱河倒虹吸测站与水温相关系数最大的是延迟 6d 的日平均气温（0.6639），说明滹沱河测站水温变化比气温大约滞后 6d。

南水北调的渠水自南向北流动，越靠南的测站单位水体的含热量越大，当降温到来时（各测站几乎同时），南部测站水体降温速度慢，北部测站水体降温速度快，所以沿线水温受气温影响的延迟时间从北到南逐渐增大。

5.2.3 累积（负）气温及其影响

为了研究气温对农作物和生物发育的影响，科学家提出了“积温”和“负积温”的概念，多年来负积温一直是表示冬季寒冷程度和评价冰冻灾害的重要指标。近年来，许多学者在冰情观测成果分析和构建冰情预测模型过程中，广泛应用负积温概念。负积温（累积负气温）是一段时间内低于0℃的日平均气温之和。

进一步探究累积负气温、累积气温和与水温的关系，为了方便作图对比，对北拒马河测站气温进行处理。分别计算累积负气温、21d累积气温、21d累积负气温、15d累积气温、15d累积负气温、7d累积气温、7d累积负气温、3d累积气温以及3d累积负气温，统计这9个因素与日平均水温的相关系数，结果见表5.2-2。

表5.2-2　北拒马河测站累积（负）气温与水温相关系数表

阶段性气温	累积负气温	21d累积气温	21d累积负气温	15d累积气温	15d累积负气温	7d累积气温	7d累积负气温	3d累积气温	3d累积负气温
2016—2017年度	0.55	0.84	0.91	0.81	0.83	0.72	0.65	0.63	0.52
2017—2018年度	0.55	0.79	0.83	0.83	0.85	0.77	0.76	0.65	0.61
2018—2019年度	0.43	0.83	0.90	0.81	0.84	0.68	0.65	0.53	0.48
总相关系数	0.54	0.81	0.82	0.81	0.79	0.74	0.68	0.64	0.55

由表5.2-2可以看出，21d累积负气温、21d累积气温、15d累积气温、15d累积负气温与日平均水温都具有良好的相关性，相关系数达到了0.75以上。其中，21d累积负气温相关系数最高，说明21d累积负气温与日平均水温有着较强的相关性，结果如图5.2-4所示。

从图中可以看到两者三年间的关系，随着气象、水力、热力条件不同，气温与水温在每年都有着不同的变化。例如，2016—2017年度21d累积负气温最低只有－40℃，但其他两年接近－100℃，而2018—2019年度最高日平均气温为4℃左右，而其他两年接近6.5℃。虽然水温、气温在不同年份并不相似，但每一年的相关性却良好，说明21d累积负气温在某种程度上与日平均水温的变化趋势较为相似。

如图5.2-5所示，可以直观地看到三年内两者之间的对比，21d累积负气温与日平均气温在升降趋势上基本吻合，一些微小的波动也能被反映出来，温度转折点也基本相对应。结合前面的分析，21d累积负气温与日平均气温有良好的相关性。在某种程度上，21d累积负气温可以给日平均气温的升降趋势提供一定的参考。

上述各类气温参数在研究气温对水温及冰情的影响时具有较好的通用性，

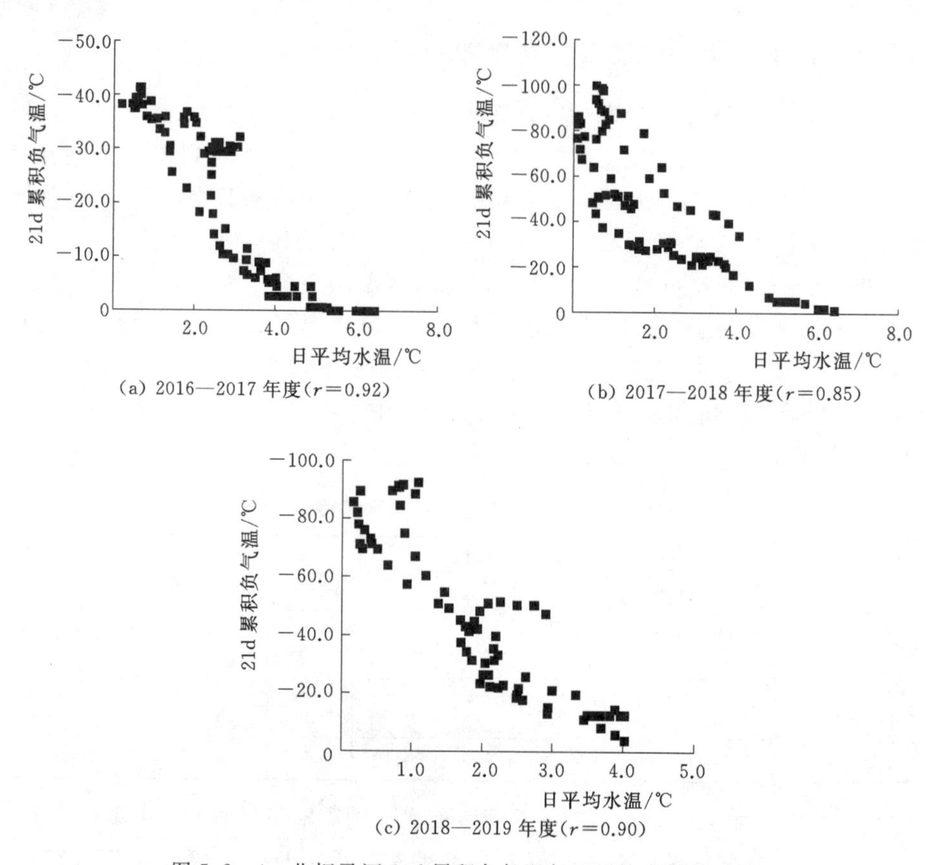

(a) 2016—2017 年度(r=0.92)

(b) 2017—2018 年度(r=0.85)

(c) 2018—2019 年度(r=0.90)

图 5.2-4 北拒马河 21d 累积负气温与日平均水温关系图

考虑到南水北调中线干线工程途经的华北地区，冬季降温过程是由数次强度不等的寒潮组成。为了更加直观地表达寒潮对冰情的影响程度，提出“阶段负积温”概念，将负积温的计算时段按照寒潮降温过程分别计算，当出现日平均气温高于0℃时，阶段负积温归零，其数值可以同冰情的发生与消融建立良好的统计关系，以北拒马河测站 2017—2018 年度为例，如图 5.2-6 所示为负积温和阶段负积温的时间过程线，阶段负积温累积区间分别对应该年度的 3 次寒潮，降温、低气温持续时段及升温过程清晰可见。

北拒马河测站 2017—2018 年度阶段负积温及冰情演化过程如图 5.2-7 所示。该年度冬季整个观测期共出现 3 次寒潮，每次降温都发生不同程度的冰情。2017 年 12 月 25 日渠道初生岸冰，阶段负积温为-0.8℃·d；2018 年 1 月 9 日渠道出现稀疏流冰，阶段负积温为-34.9℃·d；1 月 11 日再次出现寒潮，12 日渠道流冰量首次达到高峰，阶段负积温为-48.2℃·d；后期气温回升，流冰逐渐消融，至 19 日渠道只存些许岸冰；1 月 20 日日平均气温再次转

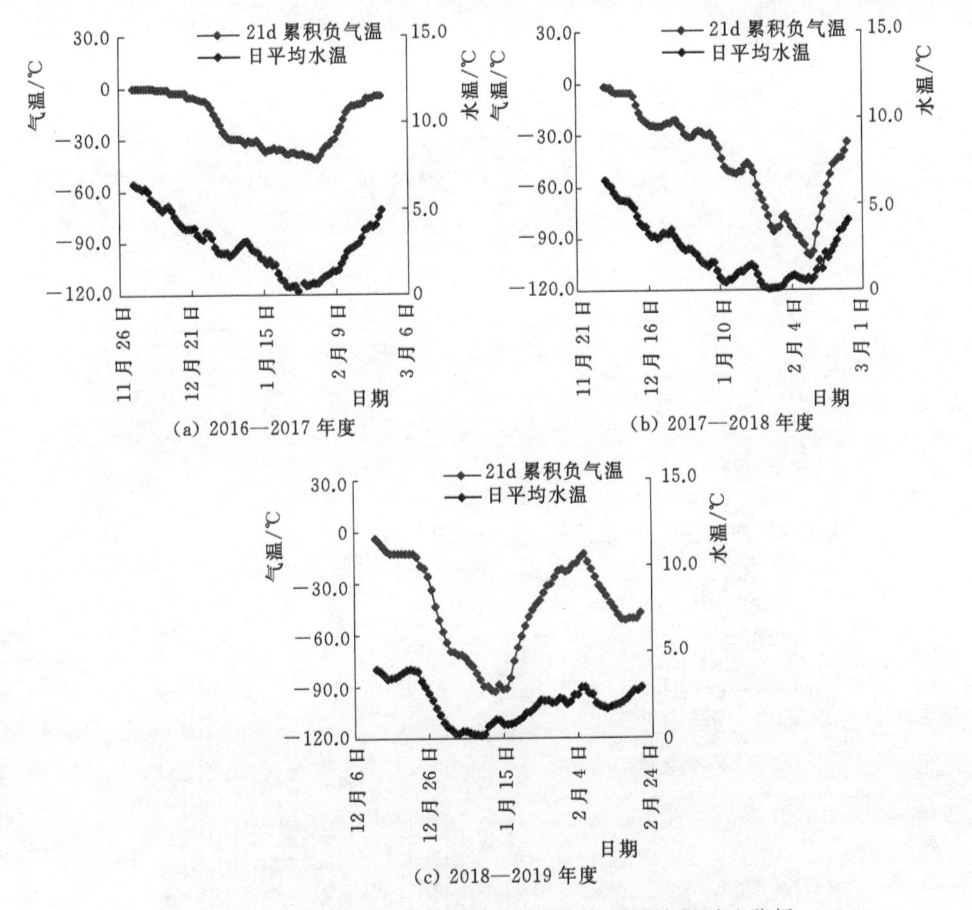

图 5.2-5　北拒马河 21d 累积负气温与日平均水温对比分析

负，阶段负积温积累，岸冰发展；1 月 23 日发生该年度冬季最强降温，流冰在弯道、隧洞、拦冰索、束窄段处堆积，阶段负积温为－17.7℃·d；1 月 27 日流冰达到该年度最大堆积长度 500m；1 月 28 日渠道初现冰盖，最大长度约 1400m，厚 5～6cm，阶段负积温为－54.8℃·d。

2018 年 2 月 2 日，冰盖开始融化，12 日阶段负积温积累到该年度最大值－105.3℃·d，13 日渠道仅有剩余岸冰，20 日冰情全部消失。

5.2.4　其他参数及其影响

观测期内还测得了太阳辐射强度、风速风向、气压、地温等参数，但各因素对水温、冰情的影响程度有所差别。

太阳辐射对渠道水体和冰盖起到加热的作用。冬季太阳高度角最小，给予的辐射量也少，冷空气与水体对流，使水凝结成冰；春季辐射量的增大，对冰

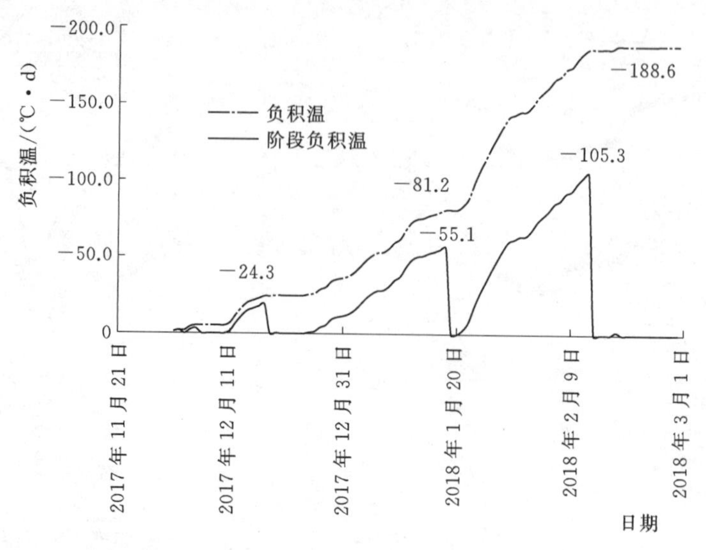

图 5.2-6 北拒马河测站 2017—2018 年度负积温和阶段负积温的时间过程线

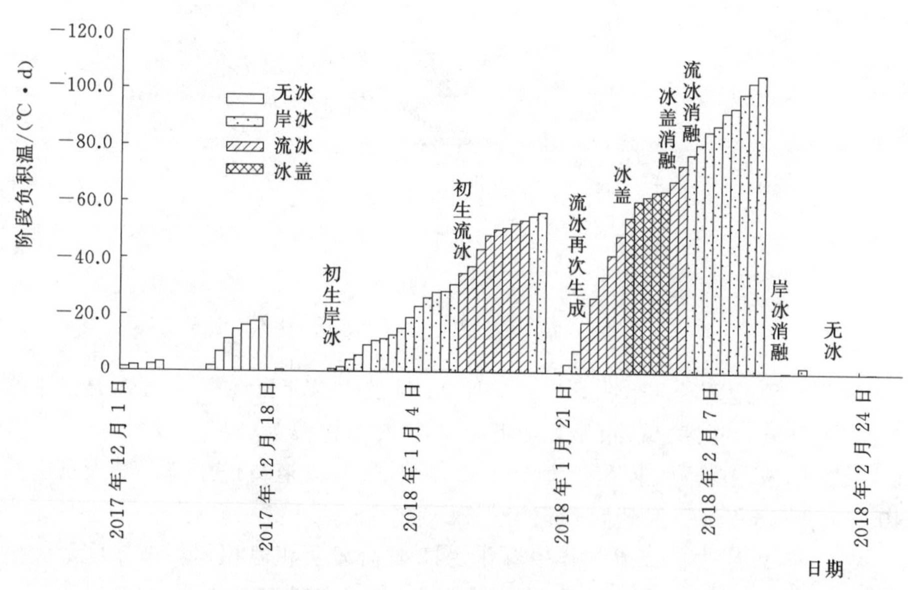

图 5.2-7 北拒马河测站 2017—2018 年度阶段负积温及冰情演化过程

层的融化解体起着非常重要的作用。太阳辐射影响气候变化，影响气温和水温，是冰融化的主要诱导因素，是冰情生消过程的决定性因素。太阳辐射强度的观测和气温等因素同步、同地点进行，通过气象观测站记录各站逐时的太阳辐射强度。一般日照时间长，太阳辐射量大；日照时间短，太阳辐射量小。统计南水北调沿线各测站太阳实际照射的时数（太阳直接辐照度达到或超过

120W/m^2 的各段时间的总和）的每日平均值，考察冬季太阳光实照时数情况。各测站冬季月辐射总量统计结果为：12 月总辐射量为 213.2～360.4MJ/(m^2·月)，1 月总辐射量为 201.0～294.4MJ/(m^2·月)，2 月总辐射量为 262.0～459.4MJ/(m^2·月)。冬季各观测月的日照时数和月总辐射量 2 月大于 12 月大于 1 月；北拒马河测站大于滹沱河倒虹吸测站大于漕河渡槽测站。观测期内冬季为“暖冬”，晴天较多，降水量较少，阳光充足，太阳辐射较强。南水北调渠道沿线夜晚低温容易结冰，白天随着太阳辐射的增强，加之日平均气温较高，加速了冰的融化，不利于冰的积累。太阳辐射是地面增温的主要热源，其值大小受到纬度位置、天气状况、海拔高低和日照长短等影响。

风速和风向的观测和气温等因素同步、同地点进行。观测期气象站冬季各月观测的日平均风速统计平均值在 1.22～1.52m/s。通过对风速的月特征值进行统计分析，漕河渡槽测站的风速特征值相对较高，北拒马河渠段测站较小。由于风速大，空气流动性强，水体和空气的热交换加速，而且大风后往往出现降温过程，还会引起渠道水面波动，破坏渠面的结冰条件。而在开河期，大风不仅能加速融冰开河，而且有时候还能促使冰体下游运移增加冰塞程度等。风向与渠段走向等因素影响着冰情发展也是需要重视的一个方面。通过分析观测数据可知，冬季寒冷干燥，各测站观测主要为偏北风，北风概率为 11.4%～21.3%。因为气压是造成风的直接原因，而气候的冷热不均会造成气压的差异。

动力因素方面包括流量、水位、流速、风力等。水流动力作用主要表现在水流速度的大小和水位涨落的机械作用力上。水流速度大小直接影响着成冰条件、流冰输移等。在渠道系统内水位与流速的变化又常取决于流量的多少，在过水断面较为规整的情况下，水位、流速与流量具有函数关系。当流量大时，水位高，流速也大。冰期渠道流量包括上游来水、区间蓄水量和消冰水量等几部分。流冰时由于部分水体转化成冰，流量逐段减少；而解冻开河期，渠道蓄水量的逐段释放，易形成洪峰向下游推进。暖冬观测期内渠道的水力要素没有发生剧烈变化，整体较为平稳。

5.2.5 影响因素相关性分析

选取观测数据中气温、气压、太阳辐射强度、风速风向、相对湿度、地温（地表温度、地下 20cm 温度、地下 40cm 温度、地下 80cm 温度）、水温和流速等因素进行分析。结合当前气温预报周期主要有日预报、3d 预报、周预报和 15d 预报，其预报精度有所不同，因此加入累积气温、3d 累积气温、7d 累积气温、15d 累积气温、累积负气温、3d 累积负气温、7d 累积负气温、15d 累积负气温等影响因素进行综合分析。对各影响因素进行相关分析（以北拒马河测站为例），各因素间相关系数见表 5.2-3。

表 5.2-3 北拒马河测站冰情影响因素相关系数表

影响因素	日平均水温	日平均气温	日最高气温	日最低气温	相对湿度	日平均气压	日最高气压	日最低气压	地表温度	地下20cm温度	地下40cm温度	地下80cm温度	每日日照时数	日平均风速	太阳辐射强度	日平均流速	累积气温	3d累积气温	7d累积气温	15d累积气温	累积负气温	3d累积负气温	7d累积负气温	15d累积负气温
编号	X1	X2	X3	X4	X5	X6	X7	X8	X9	X10	X11	X12	X13	X14	X15	X16	X17	X18	X19	X20	X21	X22	X23	X24
X1	1.00	0.55	0.45	0.53	0.25	−0.28	−0.26	−0.27	0.88	0.87	0.83	0.81	−0.07	−0.08	−0.01	0.30	0.54	0.64	0.71	0.78	−0.58	−0.56	−0.65	−0.72
X2	0.55	1.00	0.90	0.90	0.01	−0.66	−0.64	−0.65	0.56	0.42	0.34	0.30	0.06	0.11	0.08	−0.04	0.28	0.89	0.72	0.56	−0.26	−0.80	−0.65	−0.48
X3	0.45	0.90	1.00	0.67	−0.13	−0.64	−0.61	−0.64	0.44	0.32	0.26	0.22	0.27	0.08	0.32	0.01	0.18	0.75	0.58	0.43	−0.16	−0.65	−0.51	−0.35
X4	0.53	0.90	0.67	1.00	0.19	−0.59	−0.60	−0.55	0.55	0.43	0.36	0.31	−0.16	0.06	−0.18	−0.08	0.33	0.85	0.71	0.57	−0.31	−0.79	−0.67	−0.52
X5	0.25	0.01	−0.13	0.19	1.00	−0.09	−0.15	−0.02	0.31	0.35	0.36	0.36	−0.52	−0.38	−0.55	−0.20	0.41	0.05	0.11	0.23	−0.38	−0.13	−0.16	−0.24
X6	−0.28	−0.66	−0.64	−0.59	−0.09	1.00	0.95	0.98	−0.23	−0.14	−0.09	−0.06	0.05	−0.10	0.04	−0.01	−0.03	−0.57	−0.44	−0.24	0.02	0.57	0.43	0.20
X7	−0.26	−0.64	−0.61	−0.60	−0.15	0.95	1.00	0.90	−0.22	−0.13	−0.09	−0.07	0.07	−0.04	0.04	0.00	−0.04	−0.55	−0.42	−0.21	0.04	0.55	0.42	0.18
X8	−0.27	−0.65	−0.64	−0.55	−0.02	0.98	0.90	1.00	−0.23	−0.13	−0.08	−0.05	−0.01	−0.12	0.00	−0.01	0.00	−0.57	−0.44	−0.24	0.00	0.56	0.42	0.20
X9	0.88	0.56	0.44	0.55	0.31	−0.23	−0.22	−0.23	1.00	0.96	0.91	0.87	−0.07	−0.15	−0.03	0.07	0.76	0.64	0.71	0.81	−0.76	−0.50	−0.60	−0.69
X10	0.87	0.42	0.32	0.43	0.35	−0.14	−0.13	−0.13	0.96	1.00	0.99	0.97	−0.14	−0.21	−0.09	0.13	0.83	0.50	0.59	0.73	−0.85	−0.41	−0.52	−0.66
X11	0.83	0.34	0.26	0.36	0.36	−0.09	−0.09	−0.08	0.91	0.99	1.00	0.99	−0.18	−0.24	−0.13	0.16	0.84	0.41	0.51	0.66	−0.87	−0.36	−0.47	−0.61
X12	0.81	0.30	0.22	0.31	0.36	−0.06	−0.07	−0.05	0.87	0.97	0.99	1.00	−0.20	−0.26	−0.15	0.18	0.84	0.36	0.46	0.62	−0.87	−0.32	−0.43	−0.58
X13	−0.07	0.06	0.27	−0.16	−0.52	0.05	0.07	−0.01	−0.07	−0.14	−0.18	−0.20	1.00	0.15	0.69	0.03	−0.23	0.03	0.05	0.01	0.23	0.03	0.01	0.05
X14	−0.08	0.11	0.08	0.06	−0.38	−0.10	−0.04	−0.12	−0.15	−0.21	−0.24	−0.26	0.15	1.00	0.24	0.09	−0.25	0.11	0.06	−0.03	0.25	−0.09	−0.03	0.04
X15	−0.01	0.08	0.32	−0.18	−0.55	0.04	0.04	0.00	−0.03	−0.09	−0.13	−0.15	0.69	0.24	1.00	0.12	−0.20	0.05	0.03	−0.01	0.19	0.03	0.02	0.04
X16	0.30	−0.04	0.01	−0.08	−0.20	−0.01	0.00	−0.01	0.07	0.13	0.16	0.18	0.03	0.09	0.12	1.00	−0.09	−0.05	−0.04	−0.02	−0.02	0.05	0.01	−0.03
X17	0.54	0.28	0.18	0.33	0.41	−0.03	−0.04	0.00	0.76	0.83	0.84	0.84	−0.23	−0.25	−0.20	−0.09	1.00	0.34	0.45	0.63	−0.99	−0.31	−0.43	−0.60
X18	0.64	0.89	0.75	0.85	0.05	−0.57	−0.55	−0.57	0.64	0.50	0.41	0.36	0.03	0.11	0.05	−0.05	0.34	1.00	0.87	0.67	−0.32	−0.91	−0.80	−0.60
X19	0.71	0.72	0.58	0.71	0.11	−0.44	−0.42	−0.44	0.71	0.59	0.51	0.46	0.05	0.06	0.03	−0.04	0.45	0.87	1.00	0.82	−0.43	−0.80	−0.94	−0.77
X20	0.78	0.56	0.43	0.57	0.23	−0.24	−0.21	−0.24	0.81	0.73	0.66	0.62	0.01	−0.03	−0.01	−0.02	0.63	0.67	0.82	1.00	−0.60	−0.58	−0.75	−0.95
X21	−0.58	−0.26	−0.16	−0.31	−0.38	0.02	0.04	0.00	−0.76	−0.85	−0.87	−0.87	0.23	0.25	0.19	−0.02	−0.99	−0.32	−0.43	−0.60	1.00	0.29	0.42	0.59
X22	−0.56	−0.80	−0.65	−0.79	−0.13	0.57	0.55	0.56	−0.50	−0.41	−0.36	−0.32	0.03	−0.09	0.03	0.05	−0.31	−0.91	−0.80	−0.58	−0.29	1.00	0.84	0.59
X23	−0.65	−0.65	−0.51	−0.67	−0.16	0.43	0.42	0.42	−0.60	−0.52	−0.47	−0.43	0.01	−0.03	0.02	0.01	−0.43	−0.80	−0.94	−0.75	0.42	0.84	1.00	0.78
X24	−0.72	−0.48	−0.35	−0.52	−0.24	0.20	0.18	0.20	−0.69	−0.66	−0.61	−0.58	0.05	0.04	0.04	−0.03	−0.60	−0.60	−0.77	−0.95	0.59	0.59	0.78	1.00

通过影响因素间相关性分析可知，日平均水温变化和当日平均气温相关性不明显，而和局部累积气温有一定关联，北拒马河渠段日平均水温和15d累积气温以及15d累积负气温相关性较强。通过影响因素间相关性分析可知，日平均水温变化和当日平均气温相关性不明显，而和局部累积气温有一定关联，北拒马河渠段日平均水温和15d累积气温以及15d累积负气温相关性较强。这也说明气温对水温的作用有一定延迟性和累积性，因此，阶段累积（负）气温可以更好反映冬季的寒冷程度和寒潮降温过程对水温的影响。水温降至最低的时间北段早、南段晚，由于各测站气温变化过程有所区别，低水温持续时间也不一样，北段持续时间长，南段持续时间短。北拒马河渠段低水温持续时间20d，漕河渡槽低水温持续时间14d，滹沱河段低水温持续时间9d，由北往南呈递减的趋势。因此，不同测站阶段累积温度的时长对水温变化的贡献不同，在构建水温和冰情预测模型时应予以考虑阶段累积气温、阶段累积负气温参数。此外，水温和地表、地下20cm、地下40cm、地下80cm温度相关性较为显著，这表明水体与渠道边界的换热过程对水温变化的贡献较大；地表、地下20cm、地下40cm、地下80cm温度之间的相关性同样显著，可以通过测定单一位置温度推求其他位置的温度；气温（最高、平均、最低）、气压（最高、平均、最低）之间也有较强的相关性，其他因素如风速、太阳辐射强度、平均流速、相对湿度和其他因素之间相关性则很低，相对较独立。

对某一测站单年度观测期而言，传统负积温难以表达寒潮以后的升温过程。特别是南水北调中线工程沿线经过的华北地区，冬季的降温过程是由数次强度不等的寒潮组成，寒潮后气温回升对水温有显著影响。在固-液二相流问题中，冰、水相互转化即凝固、融化的物相变化过程，冰的生成即水温过冷直接产生的结果，当水温降低提前时，冰的形成也随之提前。因此，需要分析各因素对水温变化的贡献及敏感程度，构造水温变化敏感性分析公式如下：

$$X_1'=k\cdot X_2'^{\lambda_2}\cdot X_3'^{\lambda_3}\cdots X_n'^{\lambda_n} \tag{5.2-2}$$

式中：X_1'为水温因素归一化结果；X_2'，X_3'，…，X_n'为其他各影响因素归一化结果；k为次要因素简化系数；λ为对应因素的敏感指数。

其中归一化过程按下式计算：

$$x'=\frac{x-x_{\min}}{2(x_{\max}-x_{\min})}+0.25 \tag{5.2-3}$$

通过回归分析，各测站影响因素敏感指数见表5.2-4，敏感指数表现了水温对各影响因素变化程度的敏感性，敏感指数越大，水温对该因素变化越敏感。

表 5.2-4 水温敏感指数分析表

序号	因素	编号	敏感指数 λ	序号	因素	编号	敏感指数 λ
1	日平均气温/℃	X2	−0.1157	13	日平均风速/(m/s)	X14	0.0446
2	日最高气温/℃	X3	0.1449	14	太阳辐射强度/(W/m^2)	X15	0.0382
3	日最低气温/℃	X4	0.116	15	日平均流速/(m/s)	X16	0.2859
4	相对湿度/%	X5	0.1451	16	累积气温/℃	X17	−0.5288
5	日平均气压/hPa	X6	−0.0715	17	3d 累积气温/℃	X18	0.0302
6	日最高气压/hPa	X7	0.084	18	7d 累积气温/℃	X19	0.0518
7	日最低气压/hPa	X8	0.024	19	15d 累积气温/℃	X20	0.1737
8	地表温度/℃	X9	0.07	20	累积负气温/℃	X21	−0.039
9	地下 20cm 温度/℃	X10	0.6742	21	3d 累积负气温/℃	X22	−0.0387
10	地下 40cm 温度/℃	X11	0.3647	22	7d 累积负气温/℃	X23	−0.142
11	地下 80cm 温度/℃	X12	−0.1567	23	15d 累积负气温/℃	X24	−0.0713
12	每日日照时数/h	X13	−0.0735				

通过表 5.2-4 可知，水温变化普遍对阶段温度变化和地温变化敏感，需要对敏感性指标进行重点监测。

5.3 水温预测模型

通过冰情影响因素分析，水温是决定冰情的关键因素，其他各影响因素对水温、冰情的影响程度有所差异，首先对水温开展预测研究。冰水情系统是一个涉及多因素的复杂系统，传统的线性回归方法模拟和预测水温精度高低不一，有时波动较大。而神经网络等方法可以描述系统中的非线性效应，近年来，BP 神经网络、支持向量机在冰情预测方面得到了一定的应用及推广。将上述气温、阶段累积负气温、相对湿度、地温、太阳辐射强度、日平均流速等所有因素作为输入变量，水温作为输出变量，采用神经网络、支持向量机方法进行水温模拟及预测（以北拒马河测站为例）。

5.3.1 神经网络在水温预测中的应用

北拒马河渠段水温模型输入层节点由 X2（日平均气温）～X24（15d 累积负气温）共计 23 个输入节点组成，输出层节点则为 X1（日平均水温），具体拟合成果如图 5.3-1 所示。

由图 5.3-1 水温拟合结果可见，采用 BP 神经网络对水温进行拟合的平均误差为 0.2300℃，BP 神经网络在初期对水温的拟合误差较大，在 2018—

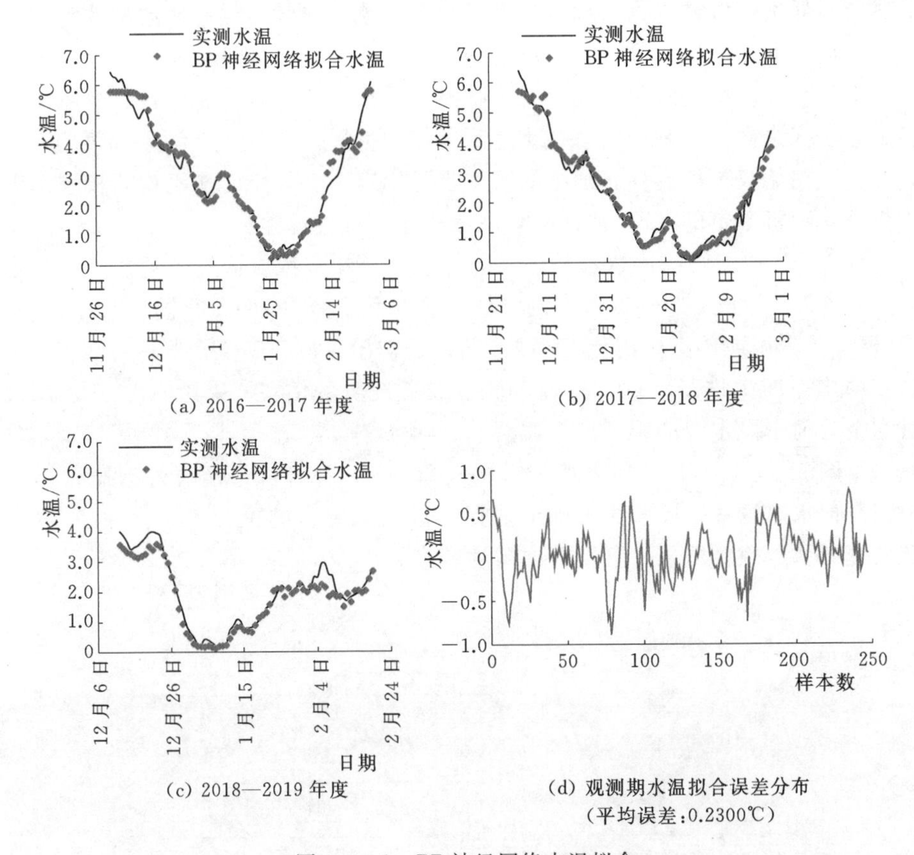

图 5.3-1　BP 神经网络水温拟合

2019 年度对 2 月初水温突变的追踪不明显。这主要是由于 BP 神经网络的局限性导致的，BP 神经网络实现了一个从输入到输出的映射功能，适合求解内部机制复杂的问题。然而在实际应用中，BP 神经网络的局限性表现在以下几个方面：

（1）需要的参数较多，且参数的选择没有有效的方法。网络权值依据训练样本和学习率参数经过学习得到，隐含层神经元的个数如果太多，会引起过学习，而神经元太少，又导致欠学习。如果学习率过大，容易导致学习不稳定，学习率过小，又将延长训练时间。这些参数的合理值还要受具体问题的影响，到目前为止，只能通过经验给出一个比较粗略的范围，缺乏简单有效确定参数的方法，导致算法不稳定。

（2）容易陷入局部最优。BP 算法理论上可以实现任意非线性映射，但在实际应用中，也可能经常陷入到局部极小值中。此时可以通过改变初始值，多次运行的方式，获得全局最优值。也可以改变算法，通过加入动量项或其他方法，使连接权值以一定概率跳出局部最优值点。

(3) 样本依赖性。网络模型的逼近和推广能力与学习样本的典型性密切相关，如何选取典型样本是一个困难的问题。算法的最终效果与样本都有一定关系，这一点在神经网络中体现得尤为明显。如果样本集合代表性差、矛盾样本多、存在冗余样本，则网络就很难达到预期的性能。

(4) 初始权重敏感性。训练的第一步是给定一个较小的随机初始权重，由于权重是随机给定的，BP神经网络往往具有不可重现性。

针对BP神经网络比较容易陷入局部最小及预测精度低等问题，可以考虑加入遗传算法形成GA-BP神经网络模型（以下简称“GA-BP模型”）。GA-BP模型是先用遗传算法优化BP神经网络的初始权值和阈值，然后再用BP算法在网络空间中进行精调，搜索最优解或者近似最优解。采用GA-BP模型对北拒马河渠段水温的拟合成果如图5.3-2所示。

由图5.3-2可知，加入遗传算法较单一BP神经网络能更好地通过输入数据模拟水温过程，能较为准确地捕捉水温出现突变的位置，泛化性能良好，有效规避了过拟合现象，且拟合的精度较高。

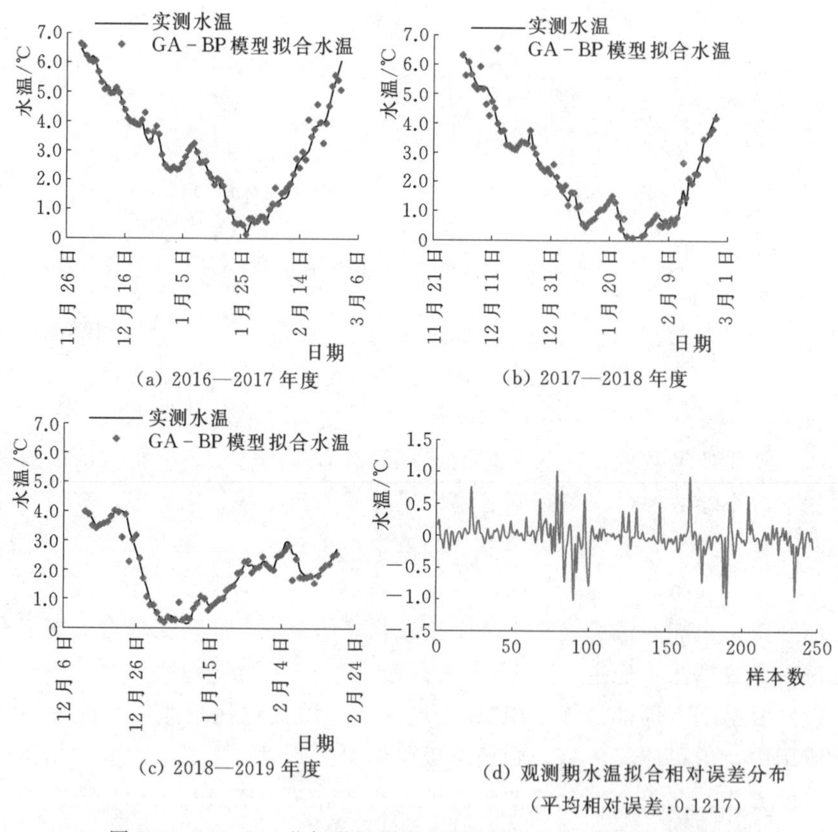

图5.3-2（一） 北拒马河渠段观测期GA-BP模型水温拟合

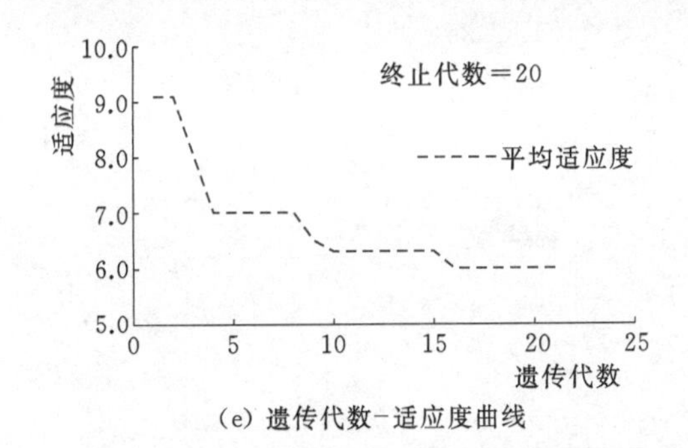

(e) 遗传代数-适应度曲线

图 5.3-2(二) 北拒马河渠段观测期 GA-BP 模型水温拟合

在水温预测方面，选取 2016—2017 年度、2017—2018 年度冰情观测资料作为训练样本，2018—2019 年度作为检验样本，BP 神经网络模型以及 GA-BP 模型的水温预测效果如图 5.3-3 所示。

5.3.2 逐步回归-神经网络在水温预测中的应用

如前所述，原型观测中测得了气温、气压、地温、风速、太阳辐射强度等

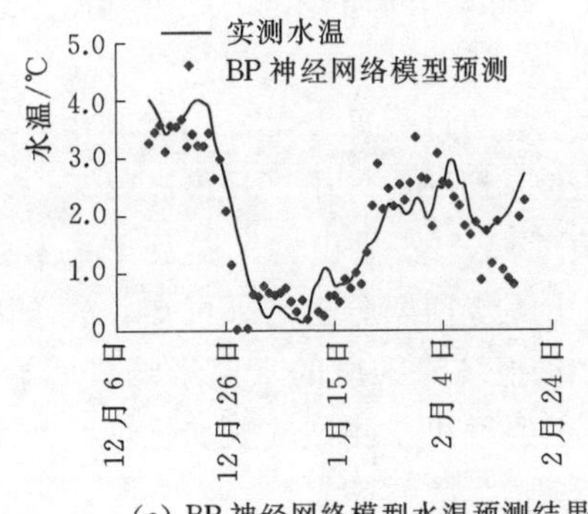

(a) BP 神经网络模型水温预测结果

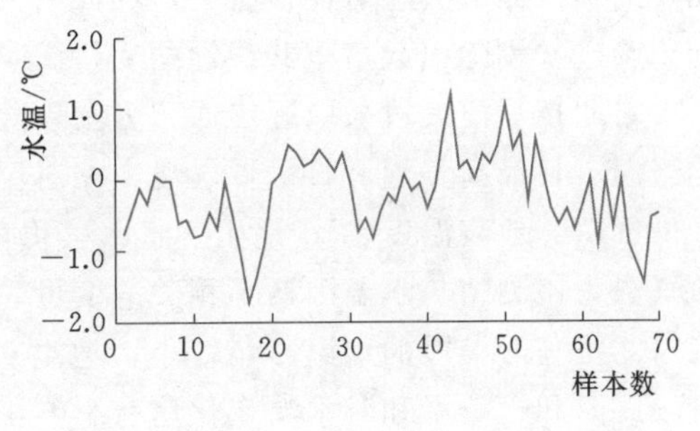

(b) BP 神经网络模型水温预测误差分布
(平均误差:0.4701℃)

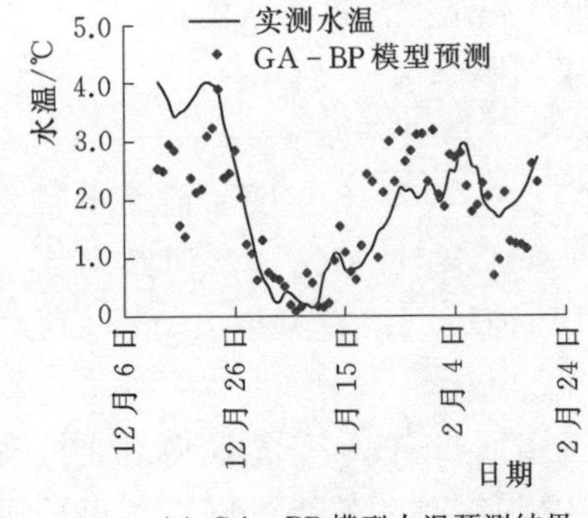

(c) GA-BP 模型水温预测结果

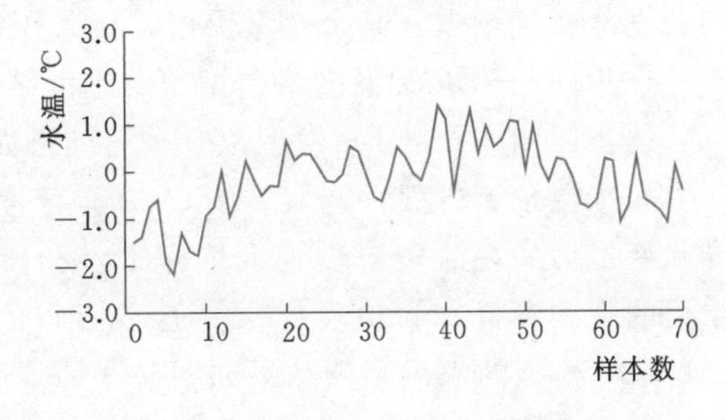

(d) GA-BP 模型水温预测误差分布
(平均相对误差:0.4456)

图 5.3-3(一) 北拒马河渠段观测期 BP 神经网络模型水温预测

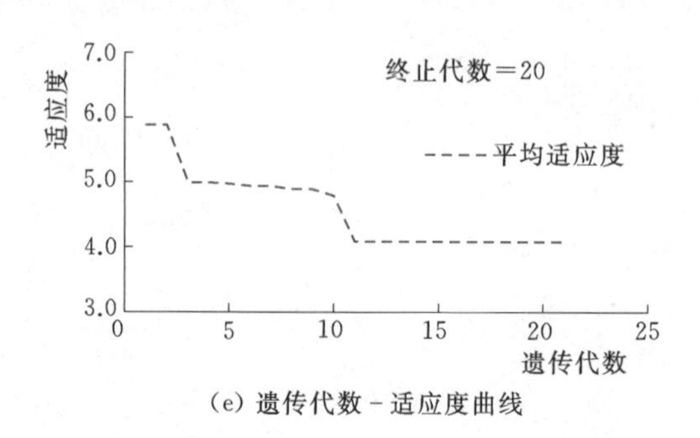

(e) 遗传代数-适应度曲线

图 5.3-3（二） 北拒马河渠段观测期 BP 神经网络模型水温预测

多种参数，但每个参数对水温、冰情的影响程度肯定是有差别的，因此采用统计学分析找出重要的参数。逐步回归模型首先考虑各个变量对因变量的影响程度，将自变量的显著性由强到弱的顺序依次引入方程，而显著性较差的则不被引入。

但是在引入变量的过程中，在原方程中显著性较高的自变量可能会因为新变量的引入而失去显著性被舍去，如此引入、剔除不断循环，因此可利用逐步回归筛选并剔除引起多重共线性的变量。

对北拒马河渠段采取逐步回归方法剔除变量的过程见表 5.3-1。其中日平均气温、日最高气温、日最低气温、相对湿度、日平均气压、日最高气压、日最低气压、地表温度、7d 累积气温、累积负气温、3d 累积负气温及 15d 累积负气温为该测站与水温因素不相关的变量。由逐步回归分析结果可知，气压因素对北拒马河渠段的水温影响较小，地温对北拒马河渠段的水温影响较明显；阶段气温和、负温和对水温变化均有影响，主要取决于测站气温变化情况及寒潮阶段时长。

逐步回归分析剔除了一定数量的因素，将北拒马河测站逐步回归分析结果中的剔除变量删去，其余变量保留，再采用神经网络方法进行水温拟合。

逐步回归-BP 神经网络模型拟合水温结果如图 5.3-4 所示。

逐步回归-GA-BP 模型拟合水温结果如图 5.3-5 所示。

在水温预测方面，选取 2016—2017 年度、2017—2018 年度冰情逐步回归剔除变量后的观测资料作为训练样本，2018—2019 年度冰情逐步回归剔除变量后的观测资料作为检验样本，逐步回归-BP 神经网络模型以及逐步回归-GA-BP 模型的水温预测结果如图 5.3-6 所示。

采用上述逐步回归-BP 神经网络模型及逐步回归-GA-BP 模型对北拒马河渠段的水温进行了预测，逐步回归-GA-BP 模型预测效果更好。北拒马河测站的水温预测结果非常贴近于实际结果，预测水温曲线与实际水温曲线的走势基本一致，平均相对误差是 0.3459（逐步回归-GA-BP 模型）。

表 5.3-1 北拒马河渠段逐步回归分析过程表

因素	是否参与计算													
	1	2	3	4	5	6	7	8	9	10	11	12	13	14
日平均气温/℃	√	√	√	√	√	√	√	√	√	√	√	√	√	×
日最高气温/℃	√	√	√	√	√	√	×	×	×	×	×	×	×	×
日最低气温/℃	√	√	√	×	×	×	×	×	×	×	×	×	×	×
相对湿度/%	√	√	√	√	√	√	√	√	√	√	√	√	×	×
日平均气压/hPa	√	√	√	√	√	√	√	√	×	×	×	×	×	×
日最高气压/hPa	√	√	√	√	√	√	√	√	√	×	×	×	×	×
日最低气压/hPa	√	√	√	√	√	√	√	×	×	×	×	×	×	×
地表温度/℃	√	√	√	√	√	√	√	√	√	√	√	×	×	×
地下 20cm 温度/℃	√	√	√	√	√	√	√	√	√	√	√	√	√	√
地下 40cm 温度/℃	√	√	√	√	√	√	√	√	√	√	√	√	√	√
地下 80cm 温度/℃	√	√	√	√	√	√	√	√	√	√	√	√	√	√
每日日照时数/h	√	√	√	√	√	√	√	√	√	√	×	×	×	×
日平均风速/(m/s)	√	√	√	√	√	√	√	√	√	√	√	√	√	√
太阳辐射强度/(W/m^2)	√	√	√	√	√	√	√	√	√	√	√	√	√	√
日平均风速/(m/s)	√	√	√	√	√	√	√	√	√	√	√	√	√	√
累积气温/℃	√	√	√	√	√	√	√	√	√	√	√	√	√	√
3d 累积气温/℃	√	√	√	√	√	√	√	√	√	√	√	√	√	√
7d 累积气温/℃	√	√	√	√	√	×	×	×	×	×	×	×	×	×
15d 累积气温/℃	√	√	√	√	√	√	√	√	√	√	√	√	√	√
累积负气温/℃	√	×	×	×	×	×	×	×	×	×	×	×	×	×
3d 累积负气温/℃	√	√	×	×	×	×	×	×	×	×	×	×	×	×
7d 累积负气温/℃	√	√	√	√	√	√	√	√	√	√	√	√	√	√
15d 累积负气温/℃	√	√	√	√	×	×	×	×	×	×	×	×	×	×
R	0.9537	0.9537	0.9537	0.9537	0.9537	0.9537	0.9536	0.9536	0.9536	0.9535	0.9534	0.9532	0.9529	0.9458
RMSE	0.37	0.3691	0.3683	0.3675	0.3668	0.3661	0.3655	0.3649	0.3642	0.3636	0.3632	0.3632	0.3637	0.3891
F	199.843	209.861	220.807	232.843	246.102	260.752	277.057	295.275	316.191	339.892	366.76	397.11	431.926	412.189
P	4.10E−135	2.80E−136	1.90E−137	1.30E−138	8.10E−140	5.30E−141	3.50E−142	2.30E−143	1.30E−144	7.90E−146	5.20E−147	4.40E−148	4.60E−149	2.60E−143

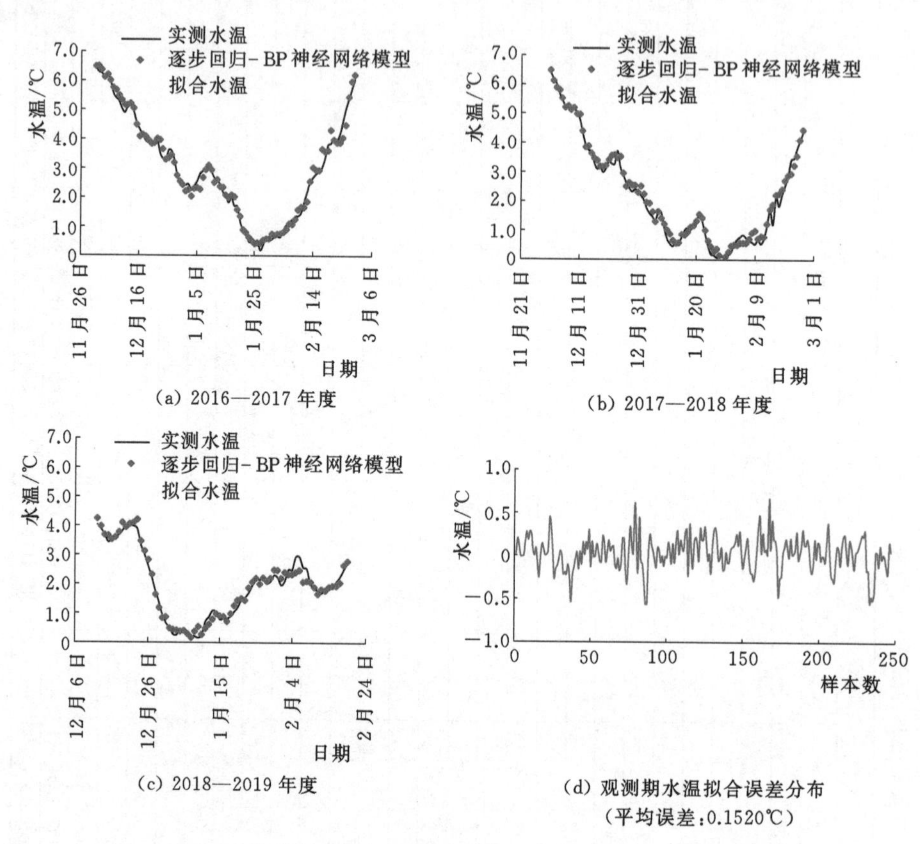

图5.3-4 北拒马河渠段观测期逐步回归-BP神经网络模型水温拟合

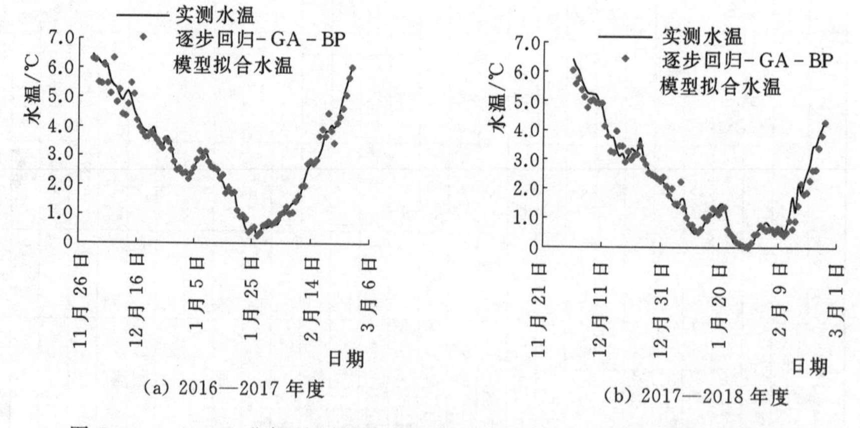

图5.3-5(一) 北拒马河渠段观测期逐步回归-GA-BP模型水温拟合

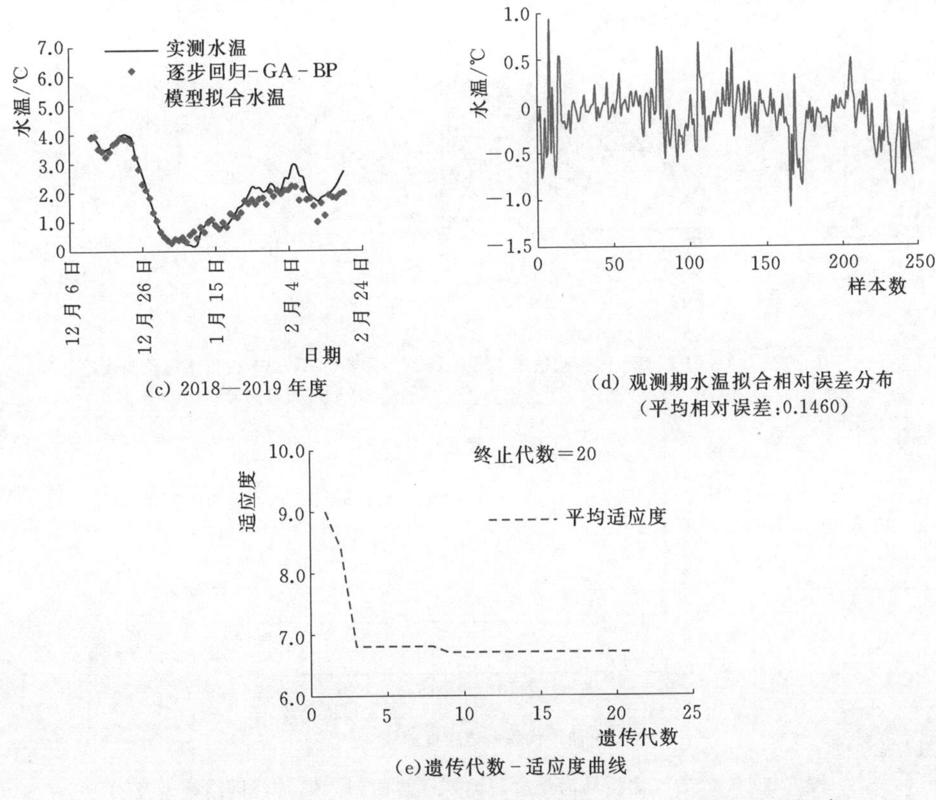

(c) 2018—2019 年度

(d) 观测期水温拟合相对误差分布（平均相对误差:0.1460）

(e)遗传代数-适应度曲线

图 5.3-5（二） 北拒马河渠段观测期逐步回归-GA-BP 模型水温拟合

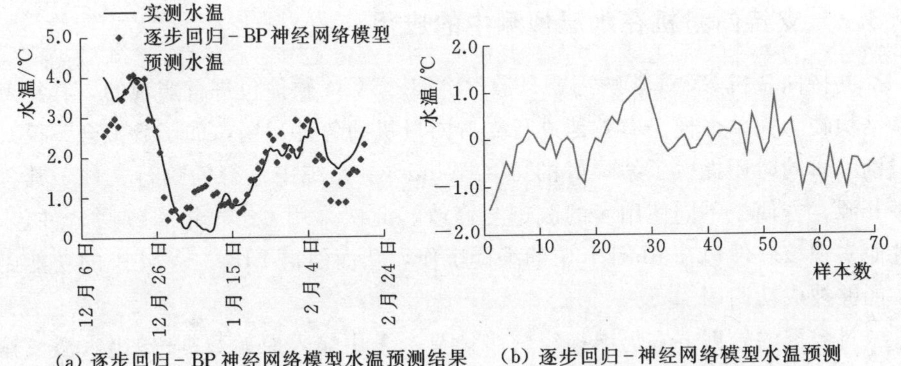

(a) 逐步回归-BP 神经网络模型水温预测结果

(b) 逐步回归-神经网络模型水温预测误差分布(平均误差:0.4329℃)

图 5.3-6（一） 北拒马河渠段观测期逐步回归-BP 神经网络模型及逐步回归-GA-BP 模型水温预测

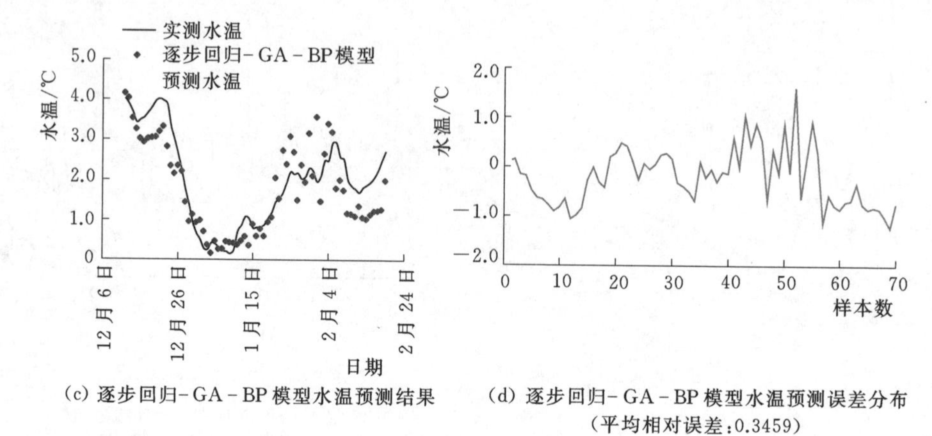

(c) 逐步回归-GA-BP模型水温预测结果

(d) 逐步回归-GA-BP模型水温预测误差分布
(平均相对误差:0.3459)

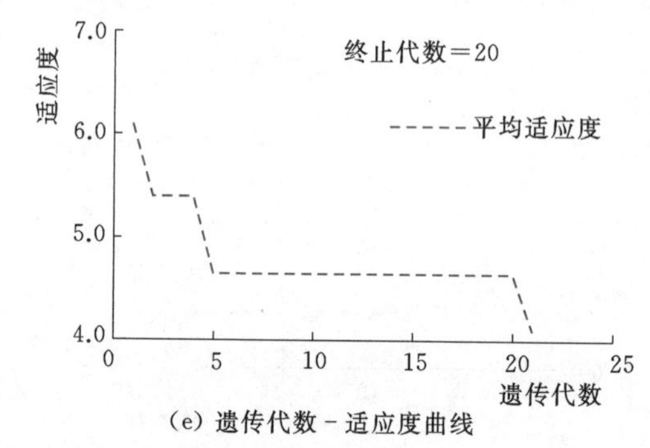

(e) 遗传代数-适应度曲线

图 5.3-6（二） 北拒马河渠段观测期逐步回归-BP神经网络模型及逐步回归-GA-BP模型水温预测

5.3.3 支持向量机在水温预测中的应用

支持向量机SVM算法主要是通过LIB-SVM软件包进行实现的，其特点是结构较为简单，便于有效地进行支持向量机的各种运用，如函数拟合、模式识别等；同时还提供了编译好的可在Windows系统中运行的执行文件，其程序开源，方便于不同使用者的改进与修改。此次采用C++语言编写软件包，进而实现该软件包在Matlab中的编译工作，从而使得LIB-SVM中的功能函数能够被成功调用。

对数据的处理方式仍同神经网络计算，采用输入原始数据-输出水温、输入逐步回归剔除后数据-输出水温、输入逐步回归-PCA处理数据-输出水温三种方式，对数据的归一化工作是一种简化计算的方式，即将有量纲的表达式经过变换，化为无量纲的表达式，成为纯量。归一化就是要把需要处理的数据经过某种算法处理后限制在需要的一定范围内。首先归一化是为了后面数据处理的方便，其次是保证程序运行时收敛加快。归一化的具体作用是归纳统一样本的统计分布性，归一化在 0～1 之间是统计的概率分布，归一化在－1～＋1 之间是统计的坐标分布。SVM 是以降维后线性划分距离来分类和仿真的，因此时空降维归一化是统一在－1～＋1 之间的统计坐标分布。

北拒马河渠段水温模型原始数据输入由 X2（日平均气温）～X24（15d 累积负气温）共计 23 组，输出日平均水温，拟合及预测成果如图 5.3－7 和图 5.3－8 所示。

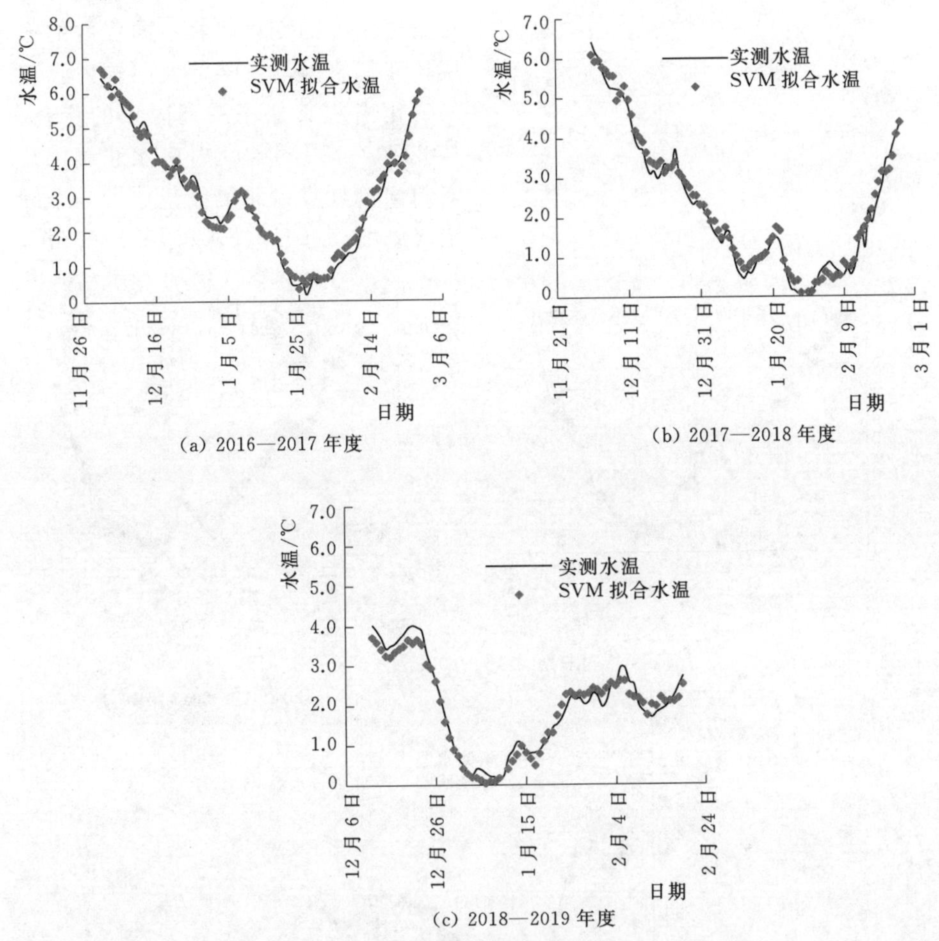

图 5.3－7　北拒马河渠段观测期 SVM 水温拟合结果

采用逐步回归分析剔除变量，进而采用 SVM 对水温进行分析，具体拟合及预测成果如图 5.3－9 和图 5.3－10 所示。

采用主成分分析法进一步降维，具体拟合成果如图 5.3－11 和图 5.3－12 所示。

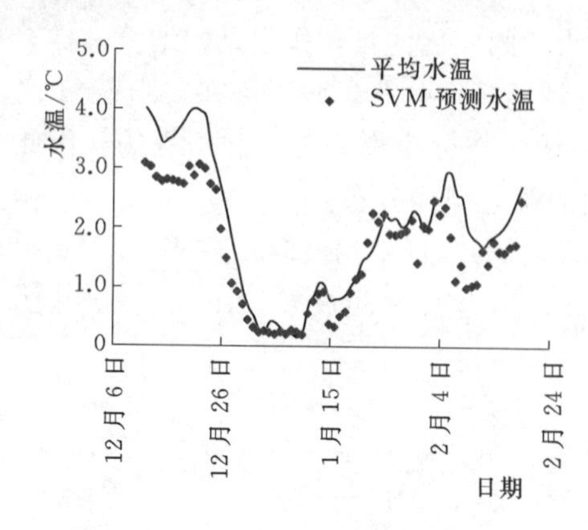

图 5.3-8 北拒马河渠段 SVM 水温预测结果（2018—2019 年度）

5.3.4 WTI 模型的建立与应用

1. WTI 模型的建立

影响水温的因子包括气象因素（气温、太阳辐射强度、地温、风速、风向、气压、相对湿度）和水力条件（水温、流速、水深）等，这 10 个因子均对渠道水温的变化起着不同程度的作用。究其原因，主要是太阳辐射强度的变化引起其他一系列因素的变化。从 2016 年 12 月起，对南水北调中线安阳河倒虹吸以北渠段建立了 5 个固定气象站，对渠道沿线冬季的气象因

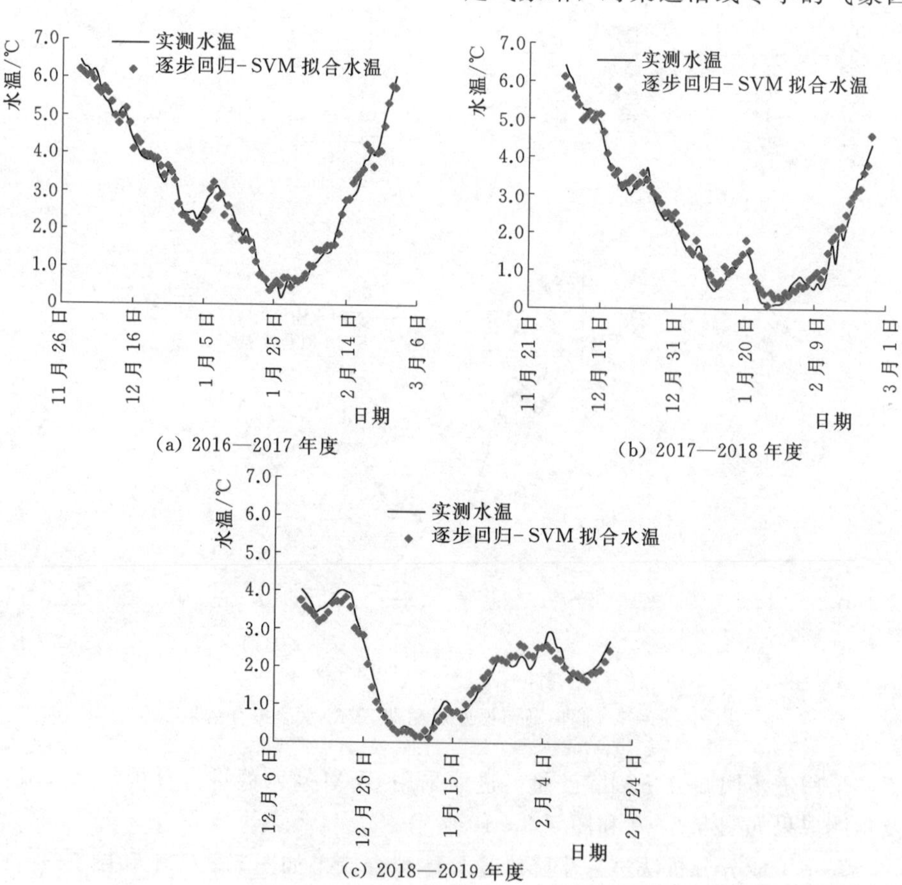

图 5.3-9 北拒马河渠段观测期逐步回归-SVM 水温拟合结果

素进行了系统观测，获得了丰富的沿线气象观测成果。与此同时，在4个固定站点进行了水力要素原型观测，初步掌握了南水北调中线工程冬季水力要素的变化规律和冰情的演化规律。

冬季水温变化的直接原因肯定是气象因素，气象变化的直接原因又是太阳辐射强度，由于地球的自转引起的白天、黑夜现象，使得太阳辐射强度在数学意义上成了间断函数。在夜间，太阳辐射强度维持在非常低的水平（接近0），但在此期间，气温和水

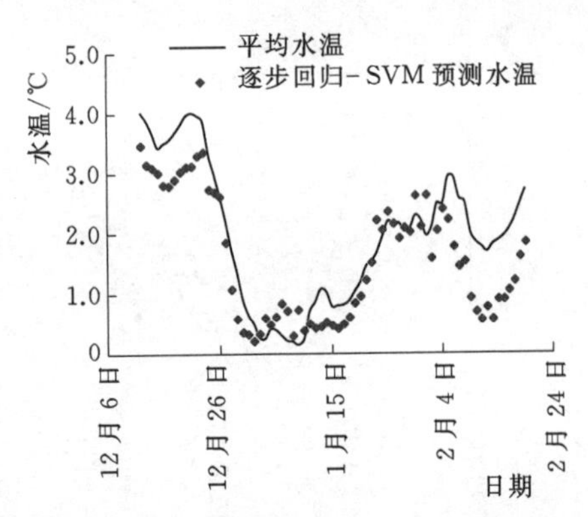

图5.3-10 北拒马河渠段逐步回归-SVM水温预测结果（2018—2019年度）

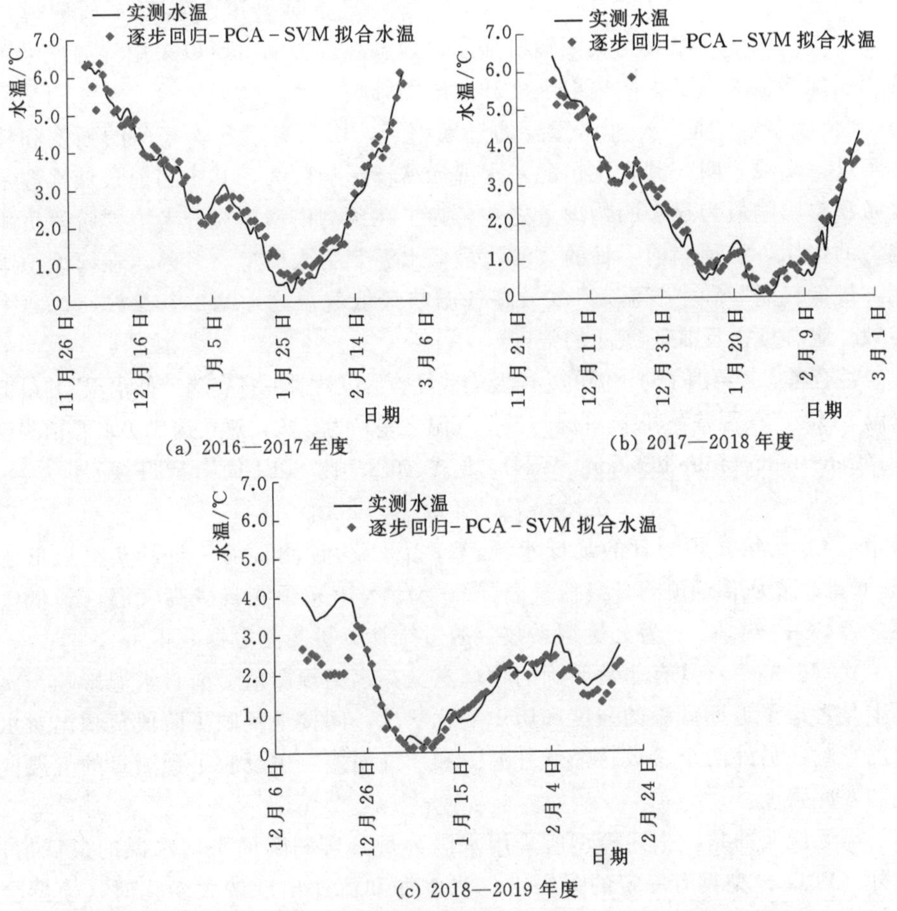

图5.3-11 北拒马河渠段观测期逐步回归-PCA-SVM水温拟合结果

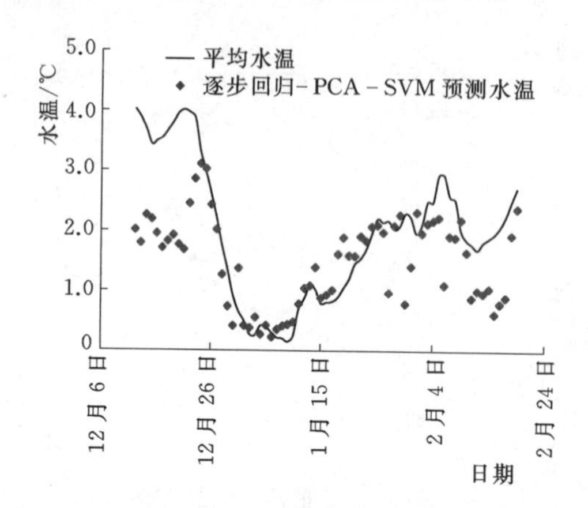

图5.3-12 北拒马河渠段逐步回归-PCA-SVM水温预测结果（2018—2019年度）

温均有比较大的变化，与太阳辐射强度的相关性不强，这就导致预测模型不能考虑太阳辐射强度。

在5.2节中，详细分析了冰情影响因素及各因素之间的相关性，分析结果表明，水温或是冰情发生的重要指标，而气温和地温则显著地影响水温的变化。

在日常天气预报中，气温是常规的预报参数，如果采用气温对渠道水温建立预测模型是非常实用的。气温又受太阳辐射强度、地温综合影响。所以采用气温作为预报因子间接地考虑了太阳辐射强度和地温的影响。

“负积温”又是一个非常重要的气象因子，用来表示冬季寒冷的强度和持续程度。实践表明，其变化情况对水温和冰情影响巨大，其中当前最低水温是受负积温影响最为显著的物理量之一，为了在预测模型中充分考虑“阶段负积温”的作用，将预测前一日的“实测最低水温”引入模型。另外，在模型中采用“最低气温”和“气温差”（最高气温与最低气温之差）2个参数，这两个参数一定程度上反映了寒冷的强度。

综合考虑气象因子对水温的影响及实践经验，以“前一日实测最低水温”“最低气温”以及“气温差”（最高气温与最低气温之差）为参数，建立迭代法水温预测模型（water temperature iteration，WTI），见式（5.3-1），以下简称WTI模型：

$$T_n^w = aT_{n-1}^w + bt_{n\min}^a + c\Delta t_n^a \tag{5.3-1}$$

式中：T_n^w 为第 n 预测日的最低水温，℃；T_{n-1}^w 为预测日前一日的实测最低水温，℃；$t_{n\min}^a$ 为第 n 预测日最低气温，℃；Δt_n^a 为第 n 预测日最高气温与最低气温之差，℃；a、b、c 为无量纲系数，通过统计分析实测数据获得。

式（5.3-1）具有非常明确的物理意义，水温预测值受前日水温影响，实际上是考虑了近期低温的强度和历史变化状况，间接地反映了阶段负积温对水温的影响。另外两个参数“最低气温”和“气温差”也反映了预测日的气温变化和寒冷强度。

需要说明的是，上述模型所采用水温为每日实测断面平均水温的最低值。另外，WTI模型具有一定的局限性，当水深和流速出现较大变化时，模型会出现预测误差。鉴于南水北调中线渠道在冬季运行期间，正常情况下，某一渠段的水位和流速保持稳定，或者变幅不大，WTI模型在没有考虑水深和流速情况下，预测结果和精度能够满足实际运行要求。

物理理论证明，水温随着环境温度的降低，其最小值为大于0℃的某个数值，水温不可能为负值。但是WTI模型的预测结果没有这种限定机制，也就是说水温预测值在大幅降温或出现极寒天气时预测水温有可能出现负值，这种情况说明水温将迅速降低，也预示该渠段将要出现突发冰情。在该模型的计算机软件中增加了水温不能为负值的限定条件，但负值的大小将反映预测日的水温降低幅度和降温的强弱。

综上所述，南水北调中线工程固定测站WTI模型是根据当日断面平均水温的最低值和天气预报信息来预报第二天的最低水温，具有模型简单、物理意义明确、实用性强等特点。在冬季输水期，渠道水深和流速保持稳定的前提下，WTI模型是一个非常实用的预测模型。

2. WTI模型的应用

依据2016—2017年度第一个冬季实测资料，对北拒马河渠段固定测站建立WTI模型，2017—2018年度第二个冬季观测结束后，将数据系列延展，对预测模型的参数进行修正，并利用修正后的模型对2018—2019年度各测站最低水温进行预测，指导冰情工作的开展。2018—2019年度第三个冬季观测结束后，又将数据系列延展，对预测模型的参数再次进行修正。分析参数汇总见表5.3-2。使用修正后的模型验证2016—2017年度、2017—2018年度和2018—2019年度的水温观测成果，模型的精度分析如下。

表5.3-2　水温预测分析参数汇总

固定测站	预测断面	数据来源	预测模型参数			模型编号
			a	b	c	
北拒马河渠段	Ⅲ-Ⅲ观测断面 1197+610	2016—2017年度	0.9721	0.0516	0.0256	FS-1
		2016—2018年度	0.9506	0.0451	0.0312	FS-2
		2016—2019年度	0.9530	0.0425	0.0292	FS-3

2018—2019年度北拒马河测站自水温观测开始，即利用2016—2018年度观测数据建立的水温预测模型（FS-2）对2018—2019年度Ⅲ-Ⅲ观测断面（1197+610）的最低水温进行预测，指导冰情观测工作的开展。

经过2018—2019年度整个冬季观测期的水温预测，发现水温预测模型FS-2的预测效果较好。通过对水温观测值和预测值进行回归分析（表5.3-3），发现水温观测值和预测值的相关系数高（R=0.9950），回归效果显著，且对于每次观测水温的变化趋势（水温升高或降低），水温预测都能及时捕捉。最低水温观测和预测对比如图5.3-13所示。

表 5.3-3　　2018—2019 年度水温预测精度分析

回归统计	
相关系数 R	0.995041104
复测定系数 R^2	0.990106799
调整后的 R^2	0.975400917
标准误差	0.199104473
观测值个数 N	69

方差分析

	自由度	误差平方和	均方差	F 值	F_2 临界值
回归分析	1	269.7839917	269.7839917	6805.407624	4.16586E-69
残差	68	2.695696195	0.039642591		
总计	69	272.4796879			

	回归系数	标准误差	统计量 t 值	P 值	Lower 95%	Upper 95%	下限 95.0%	上限 95.0%
常数项	0							
自变量	0.977656451	0.011851115	82.49489453	6.72415E-70	0.95400792	1.001304982	0.95400792	1.001304982

注　基于北拒马河渠段 1197+610 观测断面 2016—2018 年度统计数据建立水温预测模型 FS-2，分析 2018—2019 年度水温预测精度。

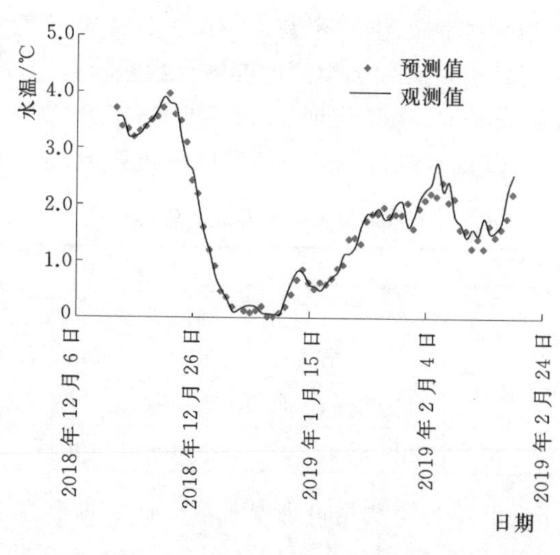

图 5.3-13　最低水温观测和预测对比图（FS-2 模型应用）

通过分析水温观测值与残差的散点图和分布图检验该模型的合理性（图 5.3-14 和图 5.3-15）。图 5.3-14 反映无论水温观测值的大小如何变化，残差均围绕 $y=0$ 上下浮动，呈水平带状分布；从残差分布图 5.3-15 可以直观地看出残差直方图中间高、两边低，满足正态分布。说明预测模型 FS-2 能满足北拒马河测站的水温预测假设条件，在 2018—2019 年度的水温预测中取

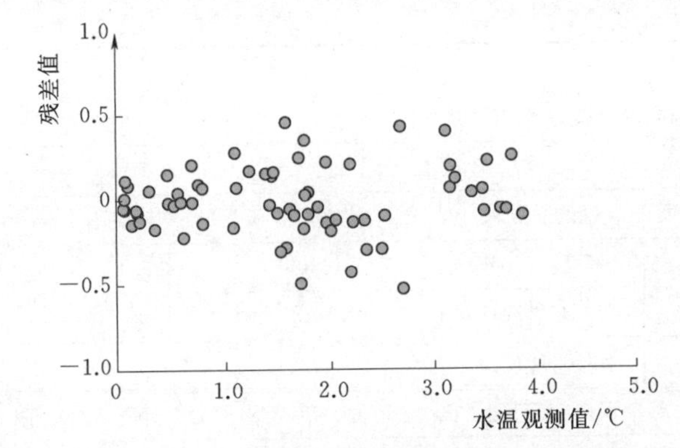

图 5.3-14　2018—2019 年度预测模型 FS-2 残差散点图

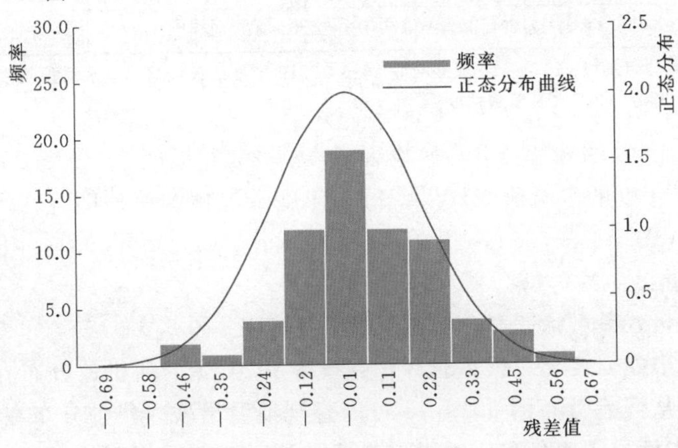

图 5.3-15　2018—2019 年度预测模型 FS-2 残差分布图

得较好的效果。

2018—2019 年度观测任务结束后，整编 2016—2019 年度 3 个冬季的观测数据，延展数据系列，对 2016—2018 年度建立的预测模型 FS-2 进行修正，修正后的预测模型为 FS-3（参数见表 5.3-2）。运用水温预测模型 FS-3 分别拟合 2016—2017 年度、2017—2018 年度和 2018—2019 年度的水温预测结果，验证模型的精度，见表 5.3-4。

表 5.3-4　2016—2019 年度水温预测精度分析

回　归　统　计	
相关系数 R	0.99713164
复测定系数 R^2	0.994271507
调整后的 R^2	0.990122129
标准误差	0.20308326

续表

回归统计					
观测值个数 N			242		
方差分析					
	自由度	误差平方和	均方差	F 值	F_2 临界值
回归分析	1	1725.162056	1725.162056	41829.40098	2.8974E-271
残差	241	9.939517319	0.04124281		
总计	242	1735.101573			

	回归系数	标准误差	统计量 t 值	P 值	Lower 95%	Upper 95%	下限 95.0%	上限 95.0%
常数项	0							
自变量	0.994329906	0.004861717	204.5223728	3.5941E-272	0.984753022	1.003906789	0.984753022	1.003906789

注 基于北拒马河渠段 1197+610 观测断面 2016—2019 年度统计数据建立水温预测模型 FS-3，分析 2016—2019 年度水温预测精度。

利用修正后的模型 FS-3 验证 2016—2017 年度、2017—2018 年度和 2018—2019 年度的水温预测效果，每一年度水温预测值均围绕在水温观测值周围变化（图 5.3-16），相关系数高（$R_{2016-2017}=0.9931$，$R_{2017-2018}=0.9928$，$R_{2018-2019}=0.9842$），回归效果显著。

通过分析残差散点图和分布图（图 5.3-17、图 5.3-18），可知无论水温观测值的大小如何变化，残差值 y∈［-0.5，0.5］，随机地分布在水平带状区间之中；从残差分布图 5.1-18 可以直观地看出残差集中分布在［-0.25，0.32］，基本满足正态分布。说明预测模型 FS-3 能适用于北拒马河测站的水温预测。

5.3.5 水温预测模型精度

采用 BP 神经网络、逐步回归-BP 神经网络、逐步回归-GA-BP、SVM、逐步回归-SVM 以及 WTI 模型分别对水温进行了预测，各水温预测值及实测值过程线如图 5.3-19 所示。

通过预测结果的变化趋势及其相对实测数据的波动性可以看出，由 WTI 模型得到的预测数据始终与实测点保持相同的走向，且波动幅度非常小。而 BP 神经网络、支持向量机等方法在某一时段取得相对较好的预测效果，水温预测数据整体变化趋势与实测值一致，个别时段预测值较实测值跳动明显，存在偏差。

不同预测方法得到的预测数据与实测值的相关系数统计见表 5.3-5。通过相关系数的量化呈现，可以看出 WTI 模型的水温预测值与实测数据相关系数在 0.99 以上，回归效果显著。BP 神经网络和支持向量机方法取得的预测效果也较好，预测值与实测值相关系数均在 0.85 以上。

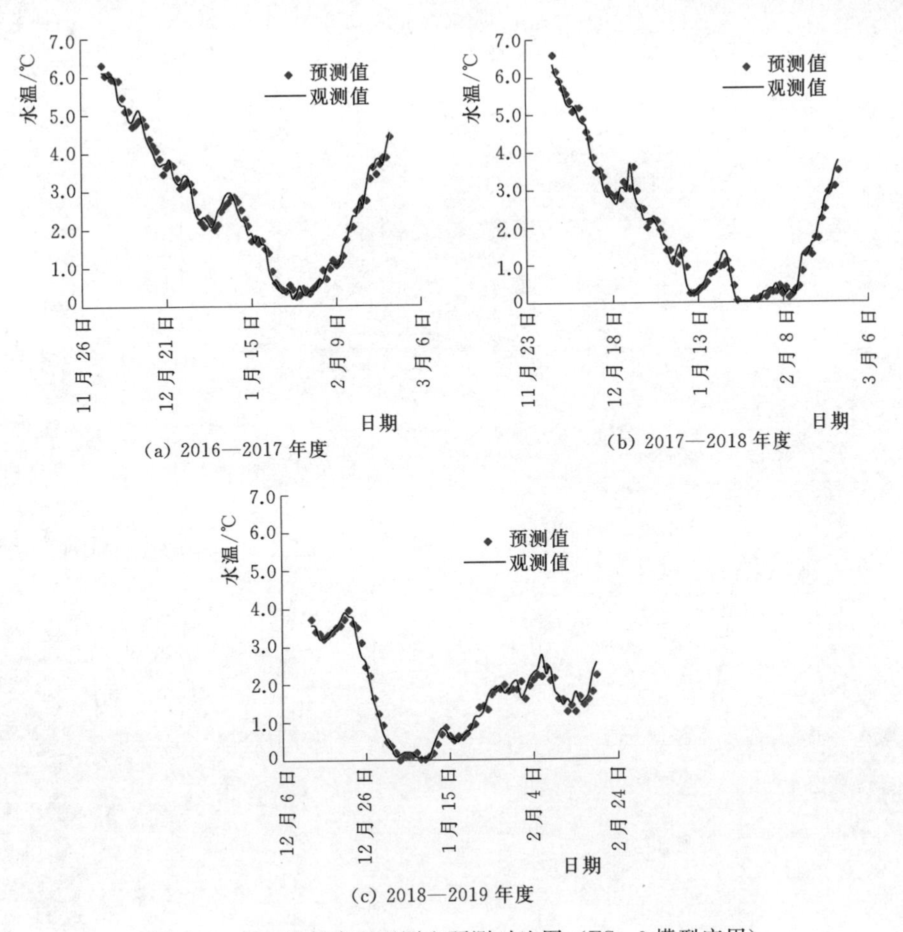

(a) 2016—2017年度

(b) 2017—2018年度

(c) 2018—2019年度

图 5.3-16　最低水温观测和预测对比图（FS-3模型应用）

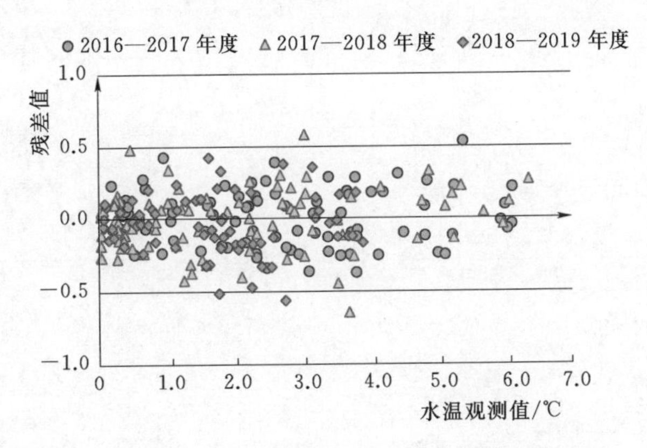

图 5.3-17　预测模型 FS-3 残差散点图

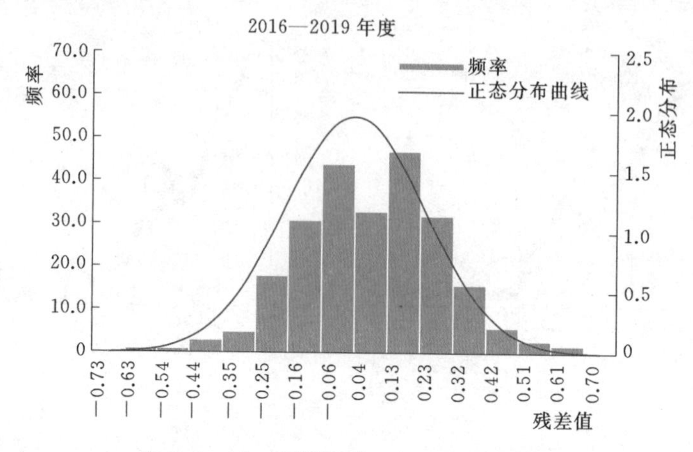

图 5.3-18 预测模型 FS-3 残差分布图

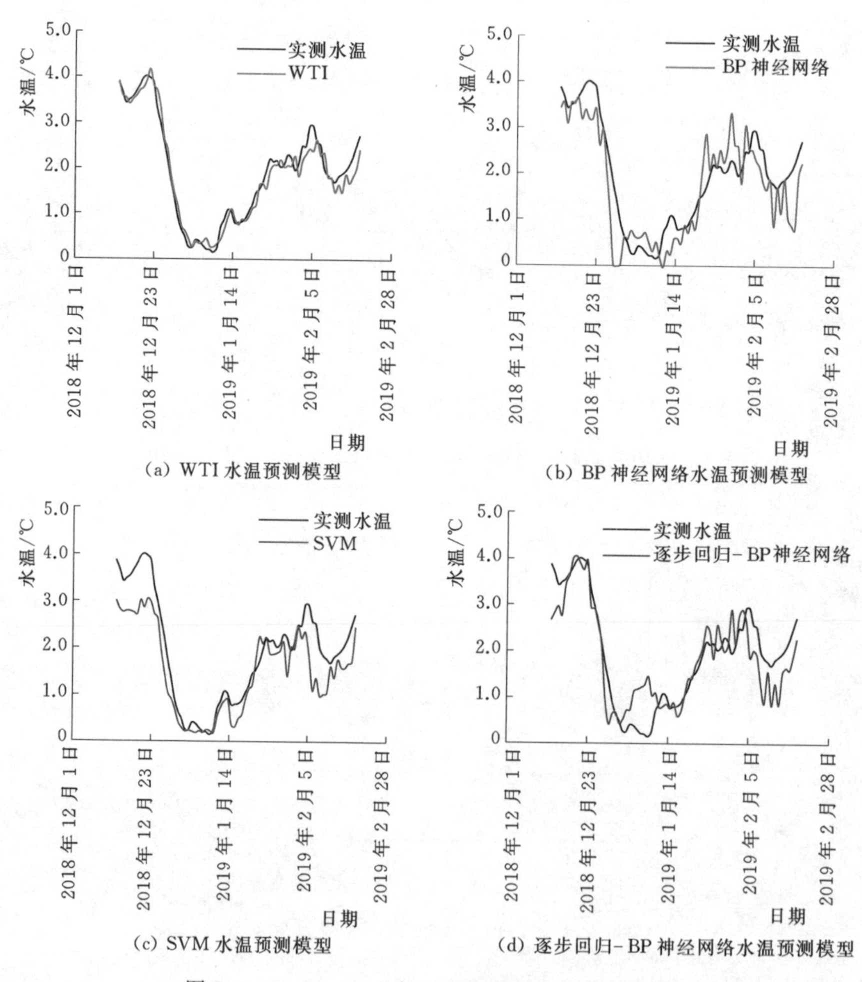

(a) WTI水温预测模型　(b) BP神经网络水温预测模型

(c) SVM水温预测模型　(d) 逐步回归-BP神经网络水温预测模型

图 5.3-19（一） 北拒马河测站水温预测对比图

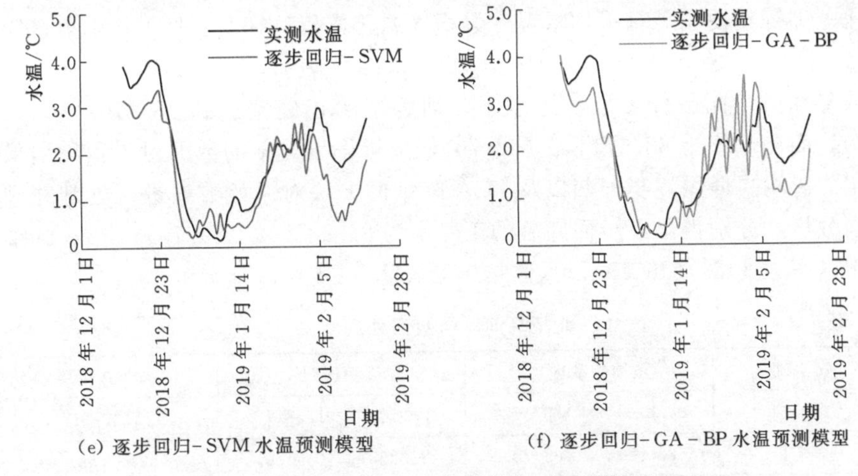

(e) 逐步回归-SVM水温预测模型

(f) 逐步回归-GA-BP水温预测模型

图5.3-19（二） 北拒马河测站水温预测对比图

表5.3-5 不同水温预测方法预测值与实测值相关系数统计

测站	相关系数					
	BP神经网络	逐步回归-BP神经网络	逐步回归-GA-BP	SVM	逐步回归-SVM	WTI
北拒马河渠段	0.8768	0.8731	0.8659	0.9473	0.9038	0.9950

综合BP神经网络、支持向量机以及水温预测模型的预测结果来看，WTI模型在不考虑水深流速的前提下，预测效果较好。BP神经网络和支持向量机方法考虑的要素更加丰富，但是由于训练集仍然不足，预测效果还不够理想，难以准确把握水温及其影响因素之间的关系，在积累了足够多的原始数据之后，BP神经网络和支持向量机方法会在水温预测中得到广泛应用。

5.4 冰情演变预测模型

5.4.1 支持向量机在冰情预测中的应用

北拒马河纬度偏高，三年结冰情况比纬度低的漕河渡槽和滹沱河段要更为明显，从岸冰形成至消融的周期更长。北拒马河渠段2016—2017年度、2017—2018年度、2018—2019年度这3个年度的冰情周期分别为52d、56d、69d，冰期持续时间逐年增加。北拒马河3年的冰情起止观测日期分别为2016年12月1日至2017年2月28日、2017年12月1日至2018年2月25日、2018年12月12日至2019年2月19日。

将北拒马河前两年共177组数据设为训练集，对第三年70组数据做预测对比。训练集使用了日平均水温、累积气温、累积负气温、日平均辐射量等共24个因素作为输入数据，输出数据为冰情，1代表有冰，－1代表无冰。经过参数寻优后，在最佳参数的选取下，训练集的正确率达到98.8701％（175/177），而测试集为88.5714％（62/70），分析得出冗杂的数据对于预测结果有一定的影响。通过逐步回归以及PCA降维的方法对原始数据进行处理并进行相同分析，分别得出逐步回归后的正确率为84.2857％（59/70），PCA降维后的正确率为80％（56/70），具体结果见表5.4－1。

表5.4－1 北拒马河冰情数据处理结果

数 据	原始数据	逐步回归	PCA降维
训练集（拟合）	98.8701％（175/177）	98.8701％（175/177）	97.1751％（172/177）
预测集	88.5714％（62/70）	84.2857％（59/70）	80％（56/70）

选取对冰情影响较大的日平均水温作为首要因素，与剩下23种数据中对冰情发展影响较大的几个因素分别做了预测。由于在气象条件中气温对于冰情发展有较大的影响，所以分别选用了总累积气温、3d累积气温、7d累积气温、15d累积气温、21d累积气温、总累积负气温、3d累积负气温、7d累积负气温、15d累积负气温、21d累积负气温和PCA降维后的第一列数据共11个因素作为第二输入因素。从最后预测的结果可以发现，15d累积负气温92.8571％（65/70）、总累积负气温88.5714％（62/70）、15d累积气温87.1429％（61/70）、21d累积负气温87.1429％（61/70）和21d累积温度和81.4286％（57/70）的正确率都大于80％（图5.4－1），其中15d累积负气温的预测正确率最高，达到了92.86％，说明的确是因数据过于冗杂致使之前预测结果一般。如果将日平均水温和第二因素的所有247组数据都用于拟合训练，最后训练的结果中正确率大于95％的有累积温度和、总累积负气温和15d累积负气温这3个因素。从综合训练与预测的结果可以看出，15d累积负气温与总累积负气温对北拒马河结冰情况有着较大的影响。

在冰情预测中，北拒马河测站的预测结果较好，在使用原始数据作为输入数据时，得出的训练集正确率为98.8701％，预测正确率为88.57％；将逐步回归后的数据作为输入数据时训练集正确率为98.8701％，预测正确率为84.29％；将逐步回归后PCA降维的数据作为输入数据时训练集正确率为97.18％，预测正确率为80％。可以看出预测的正确率都在80％以上，预测结果总体表现良好。将日平均水温作为首要因素，其他不同相关因素作为第二因素时的二维输入数据预测的正确率结果最好时为92.86％，这表明相关因素较多，数据过于冗杂，反而影响到了数据的准确性。此次研究由于观测期暖冬特性，将冰情分为有冰、无冰两种情况进行考虑，如冰情周期更长且演变复杂，

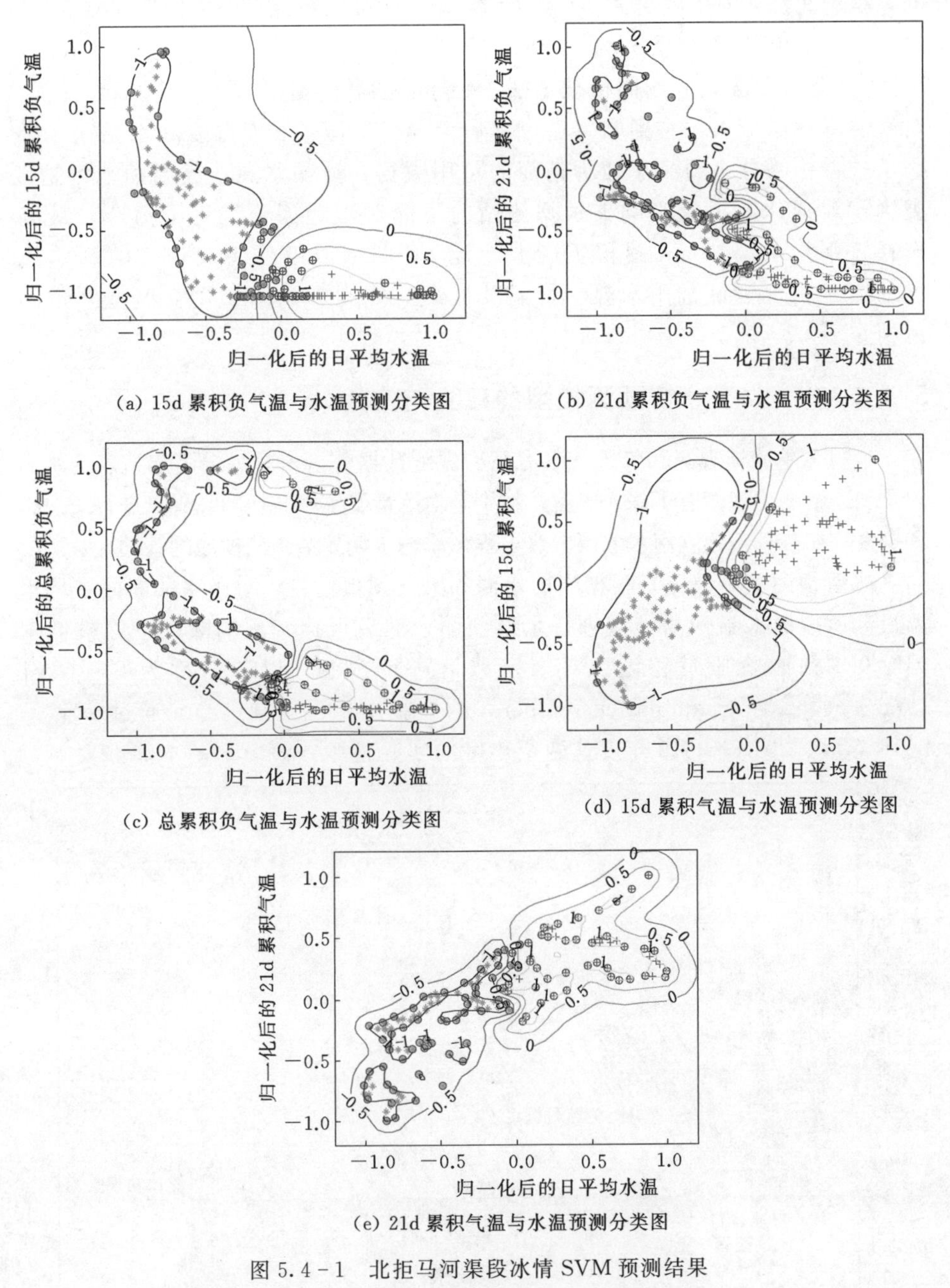

(a) 15d累积负气温与水温预测分类图

(b) 21d累积负气温与水温预测分类图

(c) 总累积负气温与水温预测分类图

(d) 15d累积气温与水温预测分类图

(e) 21d累积气温与水温预测分类图

图 5.4-1　北拒马河渠段冰情SVM预测结果

则可以把冰情进一步分类，预测结果将进一步提升。

阶段气温累积值可以反映冬季的寒冷程度和寒潮降温过程的强弱，可以看出在气温因素里，累积负气温不同程度地影响着冰情发展。较长时间里负气温的累积对北拒马河影响更大。综上所述，SVM可以有效对冰情做出预测。

针对影响因子分类过于冗杂的问题，使用与首要因素回归分析以及SVM分类的方法，利用网格搜索法、粒子群算法、遗传算法进行参数寻优，对气温、地温、太阳辐射强度、风速、流速、气压、相对湿度和水温这8类因子进行了筛分，得到了较为精简的可用数据，证明水温、气温和地温这3类因子对成冰有关键影响，根据测站的不同对影响因子进行了筛选，最终选择日平均水温、15d累积负气温、地下40cm温度作为北拒马河影响成冰的因子，可尝试选用水温、气温及地温这3类影响因子建立模型来预测冰情。

5.4.2 S-NAT冰情预测模型的建立与应用

通过冬季冰情观测和气象、水力原型观测数据分析，对每个固定站点的水力因子和冰情变化规律有了深入了解，特别是对冰情发生和转换的临界点进行了总结和探索，初步具备建立南水北调中线工程冬季输水期冰情预测模型的基础。

冰情预测基本思路是根据当前水温和天气预报信息，对未来的断面平均水温最低值按照水温预测模型进行水温预测，然后根据“预测断面平均最低水温”和“预测阶段负积温”对未来冰情进行预测，以下简称为S-NAT(stage negative accumulative temperature)模型（图5.4-2）。通过2017—2018年度、2018—2019年度这两个年度的实际检验，该模型基本能够反映每

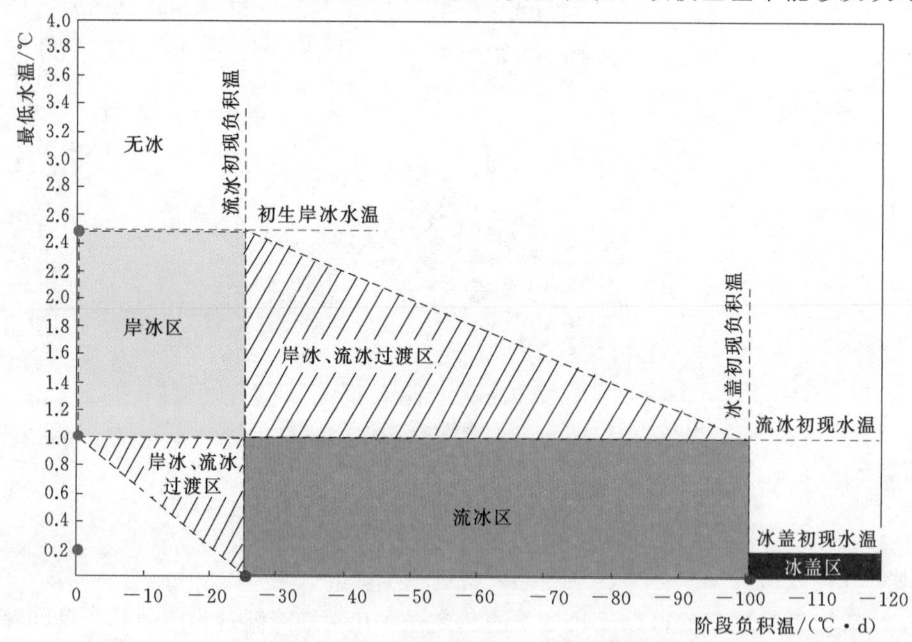

图5.4-2 南水北调中线工程冬季输水期冰情预测模型（S-NAT）

个渠段的冰情转换规律。以下为S-NAT模型的两个主要判定条件。

1. 最低水温冰情判断标准

(1) 断面平均水温最低值降至2.5℃时，渠道开始出现岸冰。

(2) 断面平均水温最低值降至1.0℃时，渠道开始出现流冰。

(3) 断面平均水温最低值降至0.2℃时，渠道拦冰索和转弯处开始出现冰盖。

2. 阶段负积温冰情判断标准

(1) 阶段负积温达到－25℃时，渠道开始出现流冰。

(2) 阶段负积温达到－100℃时，渠道拦冰索和转弯处开始出现冰盖。

南水北调中线工程冰情观测区域从安阳河倒虹吸到北拒马河渠段。在冬季降温过程中，气温从南向北呈现明显的降低过程，有一个循序渐进的演变过程。渠水从南向北流动，随着与空气、周边介质的热交换和蒸发作用，渠水温度呈现由南向北逐渐降低的规律，冰情的出现也呈现由北向南逐步减弱的变化规律。

近三年（2016—2019年）的实际冰情观测表明，滹沱河倒虹吸至北拒马河渠段是冰情易发渠段，也是需要重点关注的渠段。S-NAT模型是针对北拒马河渠段和漕河渡槽建立的。解决好这两个关键部位的冰情预测问题，南水北调中线工程的冰情问题就迎刃而解。

冰情演变是一个非常复杂的变化过程，涉及影响因素众多，绝不是2个参数就能够准确地预测某个渠段的冰情。通过连续2个冬季原型观测和冰情巡视情况的验证，S-NAT模型基本能够定性地实现预测任务，对渠道运行、调度具有一定的指导意义和参考价值。配合沿线巡视和固定渠段的影像资料，对掌握冰情的发生和发展具有实际意义。

北拒马河测站近三年（2016—2019年）冬季实测结果与S-NAT模型的预测结果对比如图5.4-3所示。由图5.4-3可清晰地看出，采用该模型预测冰情的发生和演变是基本可靠的。在冰情发生初期，最低水温较高，阶段负积温积累值低，渠道冰情以岸冰为主；随着水温的降低，阶段负积温的持续积累，渠道岸冰发展，逐渐出现流冰；阶段负积温继续积累，渠道便出现冰盖，进入封冻期。由于“暖冬”的气候条件，岸冰和流冰是该渠段最为常见的冰情，冰盖持续时间并不长，与实际观测结果相一致。

简言之，S-NAT模型对于北拒马河测站冰情的预测效果较好，能较准确地对该测站冰情概况进行预测，该模型的建立对渠道输水运行以及冰灾、冰害的预防工作有一定的参考价值。

2017—2018年度，S-NAT模型已在南水北调冰情观测信息化平台应用，取得了较好的预测成果。每天依照当天实际观测结果，可进行未来3d的冰情

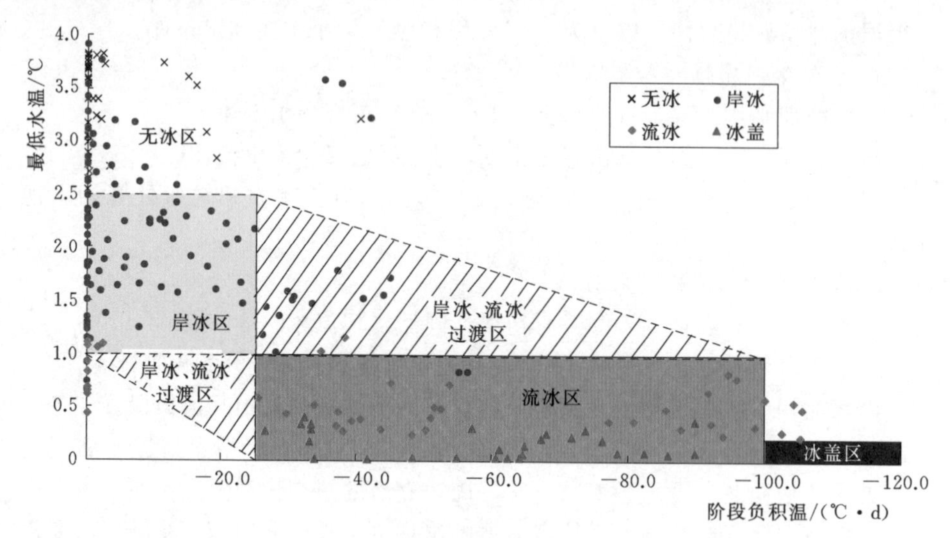

图 5.4-3 北拒马河测站实测结果与 S-NAT 模型预测成果对比

预报。当有大的寒流和突然降温时，可应用此模型对主要渠段进行冰情预测，为运行管理单位提供冰情预报信息。

2018—2019 年度，采用向移动终端推送信息的方式，向主要管理者推送今日冰情概况和明日冰情预测，便于管理运行者提前了解渠道主要站点的水温和冰情发展趋势，尽早采取措施、制定防治冰灾预案，在技术上为南水北调冬季输水顺利完成提供保障。

综上所述，支持向量机和 S-NAT 模型以南水北调中线工程冬季冰情观测数据为基础进行了冰情预测，取得了较好的预测成果。由于此次研究时段均为暖冬，支持向量机方法将冰情分为有冰、无冰两种情况进行考虑，如冰情周期更长且演变复杂，则可以把冰情预测结果进一步分类，预测精度将进一步提升。S-NAT 模型针对北拒马河渠段至漕河渡槽这一区域建立，实用性强，在流速、水深保持稳定的情况下，预测准确度较好。由于气温对水温的影响有一定的延迟，当气温发生变化时，有充足的时间去调整模型参数，进而提高预测准确率，能够在冰情观测期间为南水北调中线工程干线的输水运行提供有效服务。

第6章

结　语

本书以2016—2019年度南水北调中线冬季冰情观测工作为基础，结合信息化平台开发、预测模型建设等内容，重点讲述南水北调中线冰情观测方法与应用，以期为中线冰情研究提供参考。近三年（2016—2019年）的观测分析所得结果以及相关防凌减灾建议总结如下。

1. 冰情演变规律总结

基于2016—2019年度冰情观测工作发现，冰情演变规律整体表现为由北向南推移，一般于12月下旬进入结冰期，1月中下旬进入封冻期（需阶段负积温发展到一定程度且伴随着降温），2月中旬进入融冰期。岸冰主要分布在滹沱河倒虹吸以北渠段，流冰主要分布在漕河渡槽至北拒马河渠段之间，冰盖主要是流冰在拦冰索或浮桥上游堆积所致，真正意义的封渠现象很少发生。

通过对三年（2016—2019年）观测期的冰情现象进行总结发现，一般在日平均气温降至0℃以下，水温在3.0℃左右时，渠道初现岸冰；随着气温降低，阶段负积温积累，在日平均水温达到1.0℃左右时，渠道初现流冰；在水温降至0.5℃以下时，渠道产生冰盖。水温回升至0.5℃以上时冰盖开始融化；水温上升到1.0℃左右并持续升高时，流冰开始消融；岸冰在水温达到2.0℃左右时开始消融。

对3个冬季观测期的气温、水温数据进行统计分析，发现气温变化对水温的影响具有一定的延迟性，具体为水温的变化比气温滞后3～4d。那么当寒潮到来时，渠池水温并没有达到最低，也就是说此时的冰情还需要3～4d才达到最严重，这就为冰情观测工作提供了很大的主动权，给了工作人员较为充足的时间采取相关措施以防止冰灾、冰害的发生。

同时，要重视国家气象部门发布的气象预报信息，这对冰情观测工作具有重要的指导意义。根据天气预报信息可以提前调整渠道运行调度方案，采取防凌减灾措施，尽量将冰情对调度产生的影响降到最低。

2. 适合南水北调中线工程的冰情观测方式和方法

近些年冬季运行经验表明，石家庄滹沱河倒虹吸以南渠段，正常气象条件下，不会出现严重冰情，冰情观测应重点在石家庄以北的渠段开展。在极端低温情况下，石家庄以南可以通过冰情巡视方式掌握冰情进展。

（1）建立在线水温监测系统。由于冰情的演化过程与渠道水温直接相关，因此在重要、关键渠段设置实时水温监测仪器，这样可以获得在线水温信息，避免人工测读误差，且可实时获得气温较低的夜间水温情况，为冰情发展研究提供更为丰富、真实的基础数据。利用天气预报和水温信息，可以直接对冰情的演化趋势进行预测、预报，形成在线冰情监测分析系统。

（2）引进红外热成像技术。在冬季低温时段，冰情大多在夜间发生，在重要渠段引进红外热成像技术，在冬季的夜晚是一种非常方便高效的测温方法，可解决夜间和严重雾霾天时不能拍摄的问题。该技术不但能够获得渠水的表面温度，也能获得两侧面板的温度，研究渠道面板温度变化对冰情的影响，缺点是不能观测水下或冰盖下水温。这种观测设备在结冰初期可以获得水温和面板温度的连续实测资料，开发热成像图像温度识别技术，在信息化平台实时显示温度观测结果，对确定冰情演变条件具有重要意义。

（3）固定视频监控设备的应用。由于寒潮来临时，降温在很长渠段同时发生，为了掌握沿线重要渠段的冰情影像资料，可在重要渠段架设视频监控设备，设定每隔1h或随时手动将渠道情况拍照上传至信息化平台，实时掌握该重点渠段的冰情发展情况，全方位多视角观测冰情发展状态。

（4）冰情巡视新设备、新手段。渠道巡视重点渠段应为滹沱河倒虹吸以北渠段，需特别关注蒲阳河倒虹吸至北拒马河节制闸；滹沱河倒虹吸以南渠段仅需在寒潮来临时，重点关注建筑物附近结冰情况即可。同时，为丰富观测视角，提高冰情观测工作质量及效率，可引入空中无人机、水下无人机等设备。空中无人机主要在岸冰、流冰、冰盖形成后对渠段进行航拍，全景显示渠段冰情发展变化；水下无人机主要对冰情发生后水下部分进行影像拍摄，掌握水内是否有流冰冰层堆积现象及水内冰的分布情况。

（5）建立冰情观测工作体系。在传统冰情观测方法基础上，采用新型观测设备，优化观测方法，形成更适合于南水北调中线工程的冰情观测工作体系。

3. 水温预测模型和冰情演变模型的应用效果

采用统计学理论、BP神经网络和支持向量机（SVM）等方法，分析近三年（2016—2019 年）的原型观测数据，构建了水温和冰情的预测方法和预测模型。通过这些分析方法的应用，全面探索了水温预测和冰情预测方法，取得了较好的预测结果，基本起到了指导渠道冬季输水运行的作用。

本书提出的 WTI 水温迭代模型，可以对渠道平均最低水温进行预测；利用阶段负积温和断面平均最低水温构建了 S-NAT 冰情预测模型。这 2 个模型虽然属于统计模型范畴，但近三年（2016—2019 年）实践表明，预测准确度较好。由于近三年（2016—2019 年）均为暖冬年，因此该模型在冷冬年的适用性需进一步研究。

4. 渠道冬季运行调度的防凌减灾措施和建议

为了更好地探索冰情演变规律，建立完善的冰情预测预报和冬季防凌减灾体系，应树立“预防为主，有备无患”的防灾理念，在以下几方面优化完善冰情观测工作。

（1）完善互联网平台，实现信息快速共享。本书开发的南水北调冰情观测信息化平台运行三年（2016—2019 年）来，加快了冰情观测信息化建设步伐。利用互联网技术，沿线测站按照约定时间上传观测成果，及时进行在线数据分析处理后，在移动终端实现冰情信息的快速共享，有利于冰情观测成果的交流和应用，可大大提高冰情观测成果的传输与发布速度。这样有利于运行管理部门及时、快速地进行决策和制定应对措施。

特别是微信公众号的开通，使每个管理者和相关技术人员，可以及时地了解冰情观测的实时状况，掌握未来渠道水温和冰情的发展趋势。

（2）发挥移动通信技术优势，实时冰情监控。在可能发生严重冰情的重要、关键渠段，安装固定监控设备，每小时定时拍摄现场影像信息，存储在网络信息平台上，既可以对冰情演变、发展状况进行全面了解，也可以实时查看现场发生的冰情进展，可对冰情巡视进行有效辅助。

（3）实行冰灾分级处置预案，做到有备无患。鉴于南水北调中线工程冬季输水安全的重要地位，为了保证冬季渠道输水的正常运行，在未来发生冰灾（害）时，保证各部门、各环节应对得当，及时处置，建议将可能出现的冰灾、冰害进行分级管控。

根据天气预报和冰情观测信息，及时发布冰情预报，针对每种冰情制定相应的对策和方案。当有冰灾（害）出现时，各部门按照处置预案进行工作，这样可以进行有效防治。

冰灾（害）依照严重程度分类如下：

Ⅰ级：渠道大面积流冰，下游渠段已出现冰盖，有发生冰塞的可能性；应制定冰塞处理方案。

Ⅱ级：局部渠段已出现冰盖，依照气象预报气温骤降，有大面积出现冰盖封渠的可能性；应制定冰下输水运行方案。

Ⅲ级：结冰期局部已出现冰塞，如果气温继续下降，有可能发生冰塞扩大，阻水的情况。融冰期后期大块浮冰出现，由于气温骤降，在拦冰索或闸门前有形成冰坝的可能性。应制定冰塞、冰坝处理方案和措施。

参 考 文 献

［1］ 陈永红，张爱英，郭晓军，等. 河北省近45年温度变化的特征分析 [J]. 山东气象，2009，29 (2)：23-26.

［2］ 孙肇初，姚昆中，周明，等. 黄河河曲段1982年1月凌灾成因分析 [J]. 人民黄河，1990 (1)：19-22.

［3］ 孙肇初，汪德胜，王肇兴. 冰塞厚度分布计算模型的探讨 [J]. 水利学报，1989 (1)：54-60.

［4］ 隋觉义，方达宪，周亚飞. 黄河河曲段冰塞水位的分析计算 [J]. 水文，1994 (2)：18-24，63.

［5］ 倪景贤，孙浩森，周满生. 黄河天桥水电厂冰期合理运用的意见 [J]. 人民黄河，1990 (1)：23-25.

［6］ 孙肇初. 中国寒冷地区水力学的近代发展 [J]. 合肥工业大学学报（自然科学版），1990 (4)：97-105.

［7］ 李根生，王建新，牟纯儒，等. 引黄济津冬季输水冰情观测与分析 [J]. 南水北调与水利科技，2006 (S1)：25-27.

［8］ 礼涛，刘娟，赵亮. 引黄济津潘庄线路应急输水工程河北段冬季输水冰情分析 [J]. 河北水利，2012 (5)：43.

［9］ 戴长雷. 寒区低温地温自动监测装置及监测方法：CN201910529404.2 [P]. 2019-10-22.

［10］ 于成刚，戴长雷，郭增红，等. 漠河站开江期土壤水热变化对开江日期的影响分析 [J]. 黑龙江大学工程学报，2018，9 (4)：89-96.

［11］ 杨开林，郭新蕾，王涛，等. 黑龙江冰情预报及灾害防治研究 [R]. 中国水利水电科学研究院，2019.

［12］ 汪德胜，沈洪道，孙肇初. 黄河河曲段输冰水力学机理分析 [J]. 泥沙研究，1993 (4)：1-10.

［13］ 王庆凯，李志军，曹晓卫，等. 实测冰-水侧向界面热力学融化速率 [J]. 南水北调与水利科技，2016，14 (6)：81-86.

［14］ 于国卿，李趁趁. 1950年以来黄河头道拐站开河日期变化特征 [J]. 人民黄河，2014，36 (12)：44-46，49.

［15］ 管光华，冯晓波，魏良琰，等. 南水北调中线一期工程总干渠冰期输水运行调度方案设计与研究 [R]. 武汉大学，2013.

［16］ 杨金波，刘孟凯，段文刚，等. 南水北调中线冰凌观测预报及应急措施关键技术研究报告 [R]. 长江水利委员会长江科学院，2018.

［17］ 杨国华，黄小军，张威，等. 南水北调中线干线工程通水初期（2017—2018年度）冰期输水冰情原型观测成果报告 [R]. 中国电建集团北京勘测设计研究院有限公司，2018.

[18] 黄小军，李楠楠，张威，等. 南水北调中线干线工程通水初期（2016—2019 年度）冰期输水冰情原型观测成果报告 [R]. 中国电建集团北京勘测设计研究院有限公司，2019.

[19] 吕明治，赵海镜，靳亚东，等. 典型抽水蓄能电站水库冰情原型监测 [C] //中国水力发电工程学会. 2014 年抽水蓄能学术交流会论文集，2014：71-76.

[20] 赵海镜，刘书宝，张艳红. 蒲石河抽水蓄能电站水库冰情研究 [J]. 水力发电，2019，45 (12)：90-94.

[21] 赵海镜，刘静，刘凤成. 呼和浩特抽水蓄能电站水库冰情研究 [C] //中国水力发电工程学会. 2016 年抽水蓄能学术交流会论文集，2016：130-133.

[22] 赵海镜，刘书宝，李晓伟，等. 一种寒冷地区抽水蓄能电站水库最大冰厚计算的方法：CN106530115A [P]. 2017-03-22.

[23] 赵海镜，靳亚东，刘书宝，等. 一种寒冷及严寒地区抽水蓄能电站水库冰冻库容的计算方法：CN107067339A [P]. 2017-08-18.

[24] 程铁杰. 寒冷地区抽水蓄能电站库区冰情演变研究 [D]. 合肥：合肥工业大学，2019.

[25] 陈胖胖，程铁杰，赵海镜，等. 寒区水电站库区冰情数值模拟研究 [C] //《水动力学研究与进展》编委会，中国造船工程学会，江苏大学. 第 29 届全国水动力学研讨会论文集（下册），2018：564-570.

[26] 杨开林. 河渠冰水力学、冰情观测与预报研究进展 [J]. 水利学报，2018，49 (1)：81-91.

[27] 冯子兰，蒋志高. 便携式数字显示超声冰厚测量仪 [J]. 应用科技，1993 (2)：6-11.

[28] 林海，王海涵，宫鹏. 超声波在冰-水界面临界入射角的实验方法 [J]. 工程与试验，2009，49 (2)：18-20.

[29] Christensen N B. Optimized Fast Hankel Transform Filters1 [J]. Geophysical Prospecting，1990，38 (5).

[30] Haas C，Lobach J，Hendricks S，et al. Helicopter-borne measurements of sea ice thickness，using a small and lightweight，digital EM system [J]. Journal of Applied Geophysics，2009，67 (3)：234-241.

[31] 陈贤章，王光宇，李文君，等. 青藏高原湖冰及其遥感监测 [J]. 冰川冻土，1995 (3)：241-246.

[32] 杨中华，王卫东，马浩录. “四星三源”模式监测黄河凌汛的研究与实践 [J]. 科技导报，2006 (4)：64-67.

[33] Drucker，Robert. Observations of ice thickness and frazil ice in the St. Lawrence Island polynya from satellite imagery，upward looking sonar，and salinity/temperature moorings [J]. Journal of Geophysical Research，2003，108 (C5)：3149.

[34] 张宝森. 宁蒙河段冰凌监测技术试验研究 [C] //中国自然资源学会水资源专业委员会，黑龙江大学，黑龙江省水利学会. 寒区水科学及国际河流研究系列丛书 2 · 寒区水循环及冰工程研究——第 2 届“寒区水资源及其可持续利用”学术研讨会论文集，2009：16-26.

[35] Li Z J，Jia Q，Zhang B S，et al. Influences of gas bubble and ice density on ice thickness measurement by GPR [J]. Applied Geophysics，2010，7 (2)：105-113.

[36] Fu H，Liu Z，Guo X，et al. Double - frequency ground penetrating radar for measurement of ice thickness and water depth in rivers and canals：Development，verification and application [J]. Cold regions ence and technology，2018，154（OCT.）：85 - 94.

[37] 刘辉，冀鸿兰，牟献友，等. 基于无人机载雷达技术的黄河冰厚监测试验 [J/OL]. 南水北调与水利科技，http：//kns. cnki. net/kcms/detail/13. 1334. TV. 20191014. 0931. 002. html.

[38] Perovich D K，Grenfell T C，Jacqueline A Richter - Menge，et al. Thin and thinner：Sea ice mass balance measurements during SHEBA [J]. Journal of Geophysical Research：Oceans，2003，108（C3）：8050.

[39] 雷瑞波，李志军，秦建敏，等. 定点冰厚观测新技术研究 [J]. 水科学进展，2009，20（2）：287 - 292.

[40] Lei R，Li Z，Cheng Y，et al. A New Apparatus for Monitoring Sea Ice Thickness Based on the Magnetostrictive - Delay - Line Principle [J]. Journal of atmospheric and oceanic technology，2009，26（4）：818 - 827.

[41] 崔丽琴，秦建敏，韩光毅，等. 基于空气、冰与水相对介电常数差异的电容感应式冰厚传感器 [J]. 传感技术学报，2013，26（1）：38 - 42.

[42] 郭立新，曹烨，王明虎，等. 黄河山东段冰情影响因素、机制及观测 [J]. 水利规划与设计，2010（6）：19 - 22.

[43] 马德胜，王珍宝，马涛. 不冻孔测桩式冰厚测试仪简介 [J]. 水文，2001（2）：61 - 62.

[44] 徐超，张永利. 基于 OpenCV 图像处理技术在冰情监测中的应用 [J]. 信息技术，2014（5）：175 - 177.

[45] 赵秀娟，张丽，秦建敏. R - T 冰情检测传感器在黑龙江漠河河道冬季现场冰情连续自动观测中的应用 [J]. 数学的实践与认识，2015，45（20）：120 - 127.

[46] 李超，李畅游，赵水霞，等. 基于遥感数据的河冰过程解译及分析 [J]. 水利水电科技进展，2016，36（3）：52 - 56.

[47] 茅泽育，张磊，岳光溪. 冰情影响河段测流方法研究 [J]. 水利水电技术，2004（9）：143 - 145.

[48] 郜国明，张宝森，张防修，等. ADCP 技术在黄河河道冰下流速监测中的应用 [J]. 人民黄河，2018，40（6）：38 - 42，48.

[49] Launiainen J，Cheng B. Modelling of ice thermodynamics in natural water bodies [J]. Cold Regions Science & Technology，1998，27（98）：153 - 178.

[50] 马丽娟，秦大河. 1957—2009 年中国台站观测的关键积雪参数时空变化特征 [J]. 冰川冻土，2012，34（1）：1 - 11.

[51] 王宁练，姚檀栋. 20 世纪全球变暖的冰冻圈证据 [J]. 地球科学进展，2001（1）：98 - 105.

[52] 郭增红，于成刚，戴长雷. 大兴安岭地区冰上积雪雪深和雪水当量参数时空变化规律 [J]. 黑龙江大学工程学报，2013，4（3）：23 - 28.

[53] Bindschadler R，Choi H，Shuman C，et al. Detecting and measuring new snow accumulation on ice sheets by satellite remote sensing [J]. Remote Sensing of Environment，2005，98（4）：388 - 402.

[54] Dunfeng L，Chen Rensheng. Studying the MODIS Snow Covered Days by the Use of

MODIS Aqua/Terra Snow Cover Products and Insitu Observations in North Eastern and Inner Mongolia Region [J]. Remote Sensing Technology & Application，2011，26 (4) 450 - 456.

[55] Wang J. Comparison and Analysis on Methods of Snow Cover Mapping by Using Satellite Remote Sensing Data [J]. Remote Sensing Technology & Application，1999，14 (4)：29 - 36.

[56] 梁延伟，梁海河，王柏林. 超声波传感器雪深测量与人工观测对比试验分析 [J]. 气象科技，2012，40 (2)：198 - 202.

[57] 孙江岷，李元璞，李建军. 寒冷地区平原水库护坡防冰冻设计的若干问题 [J]. 黑龙江水专学报，1996 (2)：55 - 60.

[58] 隋家鹏，隋家深，史兴凯. 关于水库冰盖板静冰压力的设计取值的探讨 [J]. 黑龙江水利科技，1998 (3)：43 - 46，49.

[59] 刘晓洲，檀永刚，李洪升，等. 水库护坡静冰压力及断裂韧度测试研究 [J]. 工程力学，2013，30 (5)：112 - 117，124.

[60] 潘丽鹏. FPGA 控制的光纤环形腔衰荡光谱技术在静冰压力检测中的应用研究 [D]. 太原：太原理工大学，2019.

[61] 张丽敏，李志军，贾青，等. 人工淡水冰单轴压缩强度试验研究 [J]. 水利学报，2009，40 (11)：1392 - 1396.

[62] 张成，王开. 冰期输水研究进展 [J]. 南水北调与水利科技，2006 (6)：59 - 63.

[63] 郭海燕，封春华. 引黄济津冬季输水冰情观测及初步分析 [J]. 河北水利，2004 (6)：25 - 27.

[64] 张世福. 京密引水冬季输水冰压力观测研究 [J]. 北京水利科技，1994 (2)：17 - 22，29.

[65] 樊霖，茅泽育，齐文彪，等. 伊丹河输水河道封冻期冰情演变数值模拟 [J]. 水利水电科技进展，2017，37 (6)：14 - 18.

[66] 陈明千. 西藏高寒地区引水渠道冰花生消规律研究 [D]. 成都：四川大学，2006.

[67] 陈传友. 西藏水利水电 [J]. 水利水电技术，1984 (7)：1 - 10.

[68] 刘之平，陈文学，吴一红. 南水北调中线工程输水方式及冰害防治研究 [J]. 中国水利，2008 (21)：82 - 84.

[69] 王涛，杨开林，乔青松，等. 南水北调中线冬期输水气温研究 [J]. 南水北调与水利科技，2009，7 (3)：14 - 17.

[70] 李著征. 明渠冰盖输水观测研究 [J]. 北京水利科技，1992 (3)：73 - 76.

[71] 颜炳池. 南水北调（中线）冰期输水冰情分析 [J]. 河南水利与南水北调，2014 (11)：51 - 52.

[72] 殷瑞兰，张卉. 南水北调中线工程冰期输水研究 [J]. 长江科学院院报，2002 (s1)：29 - 31，35.

[73] 郭新蕾，杨开林，付辉，等. 南水北调中线工程冬季输水冰情的数值模拟 [J]. 水利学报，2011，42 (11)：1268 - 1276.

[74] 范北林，张细兵，蔺秋生. 南水北调中线工程冰期输水冰情及措施研究 [J]. 南水北调与水利科技，2008 (1)：74 - 77.

[75] 高霈生，靳国厚，吕斌秀. 南水北调中线工程输水冰情的初步分析 [J]. 水利学报，2003，34 (11)：96 - 102.

[76] 魏良琰，杨国录，殷瑞兰，等. 南水北调中线工程总干渠冰期输水计算分析 [R]. 武汉水利电力大学，长江水利委员会长江科学院，1999.

[77] 刘孟凯，王长德，冯晓波，等. 渠道热量交换与冰盖表面温度的计算分析 [J]. 冰川冻土，2011 (1)：158 - 161.

[78] 穆祥鹏，陈文学，崔巍，等. 长距离输水渠道冰期运行控制研究 [J]. 南水北调与水利科技，2010 (1)：16 - 21.

[79] 王流泉. 南水北调中线总干渠冰期输水的设计和管理 [J]. 南水北调与水利科技，2002 (4)：2 - 7.

[80] 周梦，练继建，程曦，等. 南水北调中线总干渠冰期运行调度措施研究 [J]. 人民长江，2016，47 (21)：106 - 109.

[81] 莫振宁，管光华，刘大志，等. 南水北调中线总干渠冰情预测模型参数敏感性分析及率定 [J]. 南水北调与水利科技，2016 (14)：74.

[82] 闫弈博，黄会勇，冷星火，等. 南水北调中线总干渠水热环境分析 [J]. 人民长江，2014 (6)：46 - 49.

[83] 范哲，黎利兵，商玉洁. 南水北调中线工程安全监测预警机制研究 [J]. 水利水电快报，2019，40 (4)：61 - 64，71.

[84] 段文刚，黄国兵，杨金波，等. 长距离调水明渠冬季输水冰情分析与安全调度 [J]. 南水北调与水利科技，2016，14 (6)：96 - 104.

[85] 温世亿，杨金波. 南水北调中线 2014—2015 年度冬季冰情原型观测 [J]. 人民长江，2015，46 (22)：99 - 102.

[86] 杨金波，段文刚，等. 南水北调中线工程 2015—2016 年冰期输水冰情原型观测及综合评估报告 [R]. 长江水利委员会长江科学院，2018.

[87] 颜炳池. 南水北调水内冰对冰期输水的影响及分析 [J]. 水科学与工程技术，2014 (3)：23 - 25.

[88] ICAO's circular 328 AN/190：Unmanned Aircraft Systems [R].

[89] 王效民. 无人机倾斜摄影技术在测绘工程中的应用探讨 [J]. 科学与财富，2019 (5).